普通高等教育农业部“十二五”规划教材

畜产品加工学实验指导

XUCHANPIN JIAGONGXUE SHIYAN ZHIDAO

第二版

彭增起　蒋爱民　主编

中国农业出版社

图书在版编目（CIP）数据

畜产品加工学实验指导 / 彭增起，蒋爱民主编．—2 版．—北京：中国农业出版社，2014.2
普通高等教育农业部“十二五”规划教材
ISBN 978 - 7 - 109 - 18862 - 4

Ⅰ.①畜… Ⅱ.①彭… ②蒋… Ⅲ.①畜产品－食品加工－实验－高等学校－教学参考资料 Ⅳ.①TS251 - 33

中国版本图书馆 CIP 数据核字（2014）第 018459 号

中国农业出版社出版
（北京市朝阳区农展馆北路 2 号）
（邮政编码 100125）
责任编辑　王芳芳

北京通州皇家印刷厂印刷　　新华书店北京发行所发行
2014 年 2 月第 1 版　　2014 年 2 月北京第 1 次印刷

开本：720mm×960mm　1/16　　印张：5.5
字数：90 千字
定价：12.00 元

第二版编审人员

主　编　彭增起　蒋爱民

副主编　徐明生

编　委（按姓名笔画排序）

王复龙（南京农业大学）

毛学英（中国农业大学）

李君珂（南京农业大学）

吴菊清（南京农业大学）

汪　敏（南京农业大学）

张雅玮（南京农业大学）

姚　瑶（江西农业大学）

徐明生（江西农业大学）

黄　茜（华中农业大学）

彭增起（南京农业大学）

蒋爱民（华南农业大学）

惠　腾（南京农业大学）

主　审　周光宏（南京农业大学）

第一版编审人员

主　编　彭增起　蒋爱民

副主编　徐明生

编　委（按姓名笔画排序）

马兆瑞（西北农林科技大学）

王　霞（南京农业大学）

李志成（西北农林科技大学）

吴菊清（南京农业大学）

祝战斌（西北农林科技大学）

彭增起（南京农业大学）

蒋爱民（华南农业大学）

主　审　周光宏（南京农业大学）

第二版前言

随着我国国民经济的快速发展，畜产品加工业日新月异。2012年肉类总产量达到8 384万吨，已成为世界肉类生产和消费大国。我国乳类产量达到4 000多万吨，近10年间增长10倍，仅次于印度和美国，成为世界第三大产乳国。我国的禽蛋产量世界第一，达到3 000多万吨，但是蛋品加工率还不足禽蛋总产量的3%。畜产品加工技术日臻完善，饮食文化不断丰富，消费与生产互相促进。国人对畜产品的需求由以前对数量的满足转向对质量和安全的要求提高。面对国内外市场的激烈竞争，必须用现代化的装备、标准的工艺以及严密的质量控制体系来提高我国畜产品加工业的科技含量和产品档次，扩大国内外市场占有率，增强国际竞争力。

基于这样的背景，为满足新形势下教学、科研和生产的需要，我们在《畜产品加工学实验指导》第一版的基础上增加了新鲜度检验、调制肉制品制作、油炸肉制品制作及蛋黄酱制作等内容，实验内容按照最新国家标准编写。

为了反映畜产品加工技术的最新研究成果，本教材在编写过程中结合我国畜产品加工生产实际，力求反映现代畜产品加工科学理论和技术水平，以满足高等院校相关专业师生、科研单位和企业技术人员的需求。本教材由三部分构成，共分为27个实验。第一部分由汪敏、徐明生、彭增起、姚瑶、张雅玮编写。第二部分由毛学英、吴菊清、蒋爱民和李君珂编写。第三部分由黄茜、王复龙、惠腾编写。由彭增起审改统稿。

书中难免存在不当或错误之处，若蒙读者和专家不吝赐教，给予批评指正，则不胜感激。

编　者

2013年8月

第一版前言

本教材是周光宏教授主编的面向21世纪课程教材《畜产品加工学》的配套实验教材。

畜产品加工实验是畜产品加工学的重要内容，也是开展畜产品研究的重要方法和手段。学生通过畜产品加工实验，不仅能进一步了解和掌握畜产品加工学的基本理论，而且能掌握畜产品加工的基本方法和加工设备的使用，为食品加工和科学研究工作奠定牢固的基础。

基于以上观点，我们编写了本实验教材，供食品科学与工程和动物科学等相关专业的本科生使用。通过本实验教材的学习，使学生学会畜产品原料特性的测定方法，掌握肉、乳和蛋的主要制品的加工方法和制品的特点。

参加本实验教材编写的是南京农业大学彭增起、吴菊清、王霞，华南农业大学蒋爱民，西北农林科技大学李志成、马兆瑞、祝战斌。本实验教材的主审是南京农业大学的周光宏教授。

由于编者的水平有限，书中难免有错误和不妥之处，热忱希望使用本实验教材的老师和同学批评指正。

编　者

2005年3月

目　录

第三部分　蛋制品制作

第一部分　肉制品制作

实验一　肉的感官评定和新鲜度测定

一、实验目的

通过实验，掌握肉的感官评定及理化检查方法。

在教师的指导下，通过看、闻、触摸和煮沸实验，熟练掌握原料肉的感官检验；能够熟练掌握原料肉各项理化和微生物指标的检测方法和操作；能够熟悉仪器设备的使用及保养；能够对照相关国家标准，对测得的结果进行分析。

二、实验项目

（一）肉的感官评定

1. 仪器与用具　检肉刀、外科剪刀、温度计、100mL 量筒、200mL 烧杯、表面皿、石棉网、天平、电炉。

2. 评定方法

（1）看　在自然光线下，观察肉的表面及脂肪的色泽，有无污染附着物，用刀顺肌纤维方向切开，观察断面的颜色。

（2）闻　在常温下嗅其气味。

（3）压　用食指按压肉表面，触感其指压凹陷恢复情况，表面干湿及是否发黏。

（4）煮　称取 20g 绞碎的试样，置于 200mL 烧杯中，加 100mL 水，用表面皿盖上加热至 50～60℃，开盖检查气味，继续加热煮沸 20～30min，检查肉汤的气味、滋味和透明度，以及脂肪的气味和滋味。

3. 评定标准　GB 2707—2005 所规定鲜（冻）畜肉的感官指标见表 1-1-1。

表 1-1-1　猪肉卫生标准（感官指标）

	鲜猪肉	冻猪肉
色泽	肌肉有光泽，红色均匀，脂肪乳白色	肌肉有光泽，红色或稍暗，脂肪白色
组织状态	纤维清晰，有坚韧性，指压后凹陷立即恢复	肉质紧密，有坚韧性，解冻后指压凹陷恢复较慢
黏度	外表湿润，不粘手	外表湿润，切面有渗出液，不粘手
气味	具有鲜猪肉固有的气味，无异味	解冻后具有鲜猪肉固有气味，无异味
煮沸后肉汤	澄清透明，脂肪团聚于表面	澄清透明或稍有浑浊，脂肪团聚于表面，无异味

（二）肉的理化检验

肉新鲜度的理化检验方法较多，如挥发性盐基氮的测定、pH 的测定、球蛋白沉淀反应、硫化氢的测定、纳斯勒（Nessler）试剂氨反应、细菌镜检等。但只有挥发性盐基氮的测定作为国家现行法定检验方法，其他的实验室检验方法只能作为肉新鲜度的辅助检验方法，应根据情况选用。

在进行理化检验之前，先要制备肉浸出液，其方法如下。

从被检肉样表层和深层取一小块肉（20～30g），除去脂肪和筋腱，然后用组织绞碎机绞碎或用刀切碎。称取 10g（此即样品质量 m）碎肉放置于 250mL 烧杯中，加入蒸馏水 100mL，静置 30min，每隔 5min 用玻璃棒搅拌一次，然后用滤纸过滤至 100mL 的三角瓶中备用。

1. 肉中挥发性盐基氮的测定

（1）实验原理　蛋白质在酶和细菌的作用下分解后产生碱性含氮物质，有氨、伯胺、仲胺等，此类物质具有挥发性，可在碱性溶液中被蒸馏出来，用标准酸滴定，计算含量。

（2）仪器与试剂　10mL 吸管、小三角瓶、1mL 吸管 3 支、半微量定氮装置、2％硼酸溶液、1％氧化镁混悬液、0.01mol/L 盐酸标准溶液、甲基红美蓝混合指示剂（甲基红 0.2％乙醇溶液，美蓝 1％水溶液，用时两者等量混合）、饱和碳酸钾溶液、康维氏皿、凡士林或动物胶。

（3）操作方法　常用的挥发性盐基氮的测定方法为蒸馏法。蒸馏法采用半微量定氮装置测定，先按图 1-1-1 装好半微量定氮装置，然后进行下述操作。

a. 吸取 10mL 2％硼酸吸收液注入小三角瓶中，再滴加甲基红美蓝混合指示剂 5～6 滴，备用。

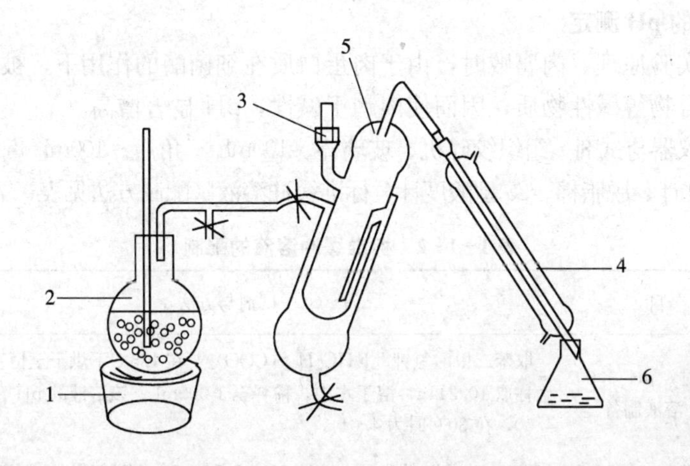

图 1-1-1　半微量定氮装置图

1. 电炉　2. 蒸汽发生器　3. 玻璃杯及杯塞器

4. 冷凝管　5. 反应室　6. 小三角瓶

b. 将装有吸收液的小三角瓶置于冷凝管下端，并将冷凝管下端插入吸收液内。

c. 精确吸取 5mL 肉浸出液，从定氮装置 3 处移入到反应室 5 内，然后再加入 1%氧化镁混悬液 5mL，立即盖塞，并通入蒸汽。

d. 当冷凝管下端滴出第一滴液体时，开始计时，准确蒸馏 5min。

e. 取下三角瓶，其吸收液用 0.01mol/L 盐酸标准溶液滴定。溶液呈蓝紫色为滴定终点。

f. 同时做平行试验。

g. 计算公式为

$$挥发性盐基氮含量(mg/100g)=\frac{(V_1-V_2)\times N\times 14}{m\times\frac{5}{100}}\times 100$$

式中　V_1——被测样液消耗 0.01mol/L 盐酸标准溶液的体积（mL）；

V_2——空白试验消耗 0.01mol/L 盐酸标准溶液的体积（mL）；

N——盐酸浓度（mol/L）；

m——样品质量（g）；

14——1mL 1mol/L 盐酸标准溶液相当氮的质量（以 mg 计）。

（4）评定标准　采用 GB 2707—2005 等国家标准评定，具体为：一级鲜度≤0.15mg/g，二级鲜度≤0.25mg/g。

2. 肉的 pH 测定

（1）实验原理　肉腐败时，由于肉蛋白质在细菌酶的作用下，被分解为氨和胺类化合物等碱性物质，因而使肉趋于碱性，pH 显著增高。

（2）仪器与试剂　组织绞碎机、玻璃棒、100mL 三角瓶、100mL 量筒、50mL 烧杯、温度计、脱脂棉、25 型酸度计、标准缓冲溶液（配制方法见表1-1-2）。

表 1-1-2　标准缓冲溶液的配制

	项　目	试剂与方法
A1	20℃时，pH 4.00 的缓冲溶液制备	取苯二甲酸氢钾［$KHC_6H_4(COO)_2$］在 125℃下烘干至恒重，然后准确称取 10.211g，溶于水中，稀释至 1 000mL。该溶液的 pH 在 10℃时为 4.00，在 30℃时为 4.01
A2	20℃时，pH 5.45 的缓冲溶液制备	取 0.2mol/L 柠檬酸水溶液 500mL 和 0.2mol/L 氢氧化钠水溶液 375mL 混匀。该溶液的 pH 在 10℃时为 5.42，在 30℃时为 5.48
A3	20℃时，pH 6.88 的缓冲溶液制备	称取磷酸二氢钾（KH_2PO_4）3.402g 和磷酸氢二钠（Na_2HPO_4）3.549g 溶解于水中，稀释至 1 000mL。该溶液的 pH 在 10℃时为 6.92，在 30℃时为 6.85

注：所用试剂均为分析纯，所用水为蒸馏水或相当纯度的水。

（3）操作方法　用酸度计测定 pH。酸度计是以甘汞电极为参比电极、玻璃电极为指示电极组成的电池，测定在 25℃下产生的电位差，电位差每改变 59.1mV，被检液中的 pH 相应地改变 1 个单位。可直接从电压表上读取 pH。测试前先将玻璃电极用蒸馏水浸泡 24h 以上，然后按说明书将玻璃电极、甘汞电极安装好（使甘汞电极略高于玻璃电极），接通电源，启动开关，预热 30min。然后用选定的缓冲溶液校正酸度计，其方法是：使两个电极均浸泡在校正液中，1min 后，调整酸度计指针，使其位于该校正液的 pH 处。取肉浸出液 40mL，注入 50mL 烧杯内，用蒸馏水将酸度计电极冲洗 2～3 次，用脱脂棉吸干，然后放入肉浸出液中，1min 后读取 pH。

（4）评定标准　肉的新鲜度的 pH 评定标准见表 1-1-3。

表 1-1-3　肉的新鲜度的 pH 评定标准

新鲜度	pH
鲜肉	5.9～6.2
次鲜肉	6.3～6.6
腐败肉	6.7 以上

3. 球蛋白沉淀反应

（1）实验原理　肌球蛋白也称肌凝蛋白，是构成肌原纤维的主要蛋白质，它易溶于碱性溶液中，而在酸性环境中则不溶解。当肉腐败变质时，由于肉中氨和盐胺类等碱性物质的蓄积，肉的酸度减小，pH 升高，使肌肉中球蛋白呈溶胶状态，在重金属盐（如硫酸铜）或者酸（如醋酸）的作用下发生凝结而沉淀。

（2）仪器与试剂　试管、试管架、吸管、水浴锅、10%醋酸溶液（量取10mL 醋酸，加蒸馏水至 100mL，混匀）、10%硫酸铜溶液（称取 $CuSO_4 \cdot 5H_2O$ 15.64kg，先以少量蒸馏水使其溶解，然后加蒸馏水稀释至 100mL）。

（3）操作方法

醋酸沉淀法：向试管中加入肉浸出液 2mL，加 10%醋酸溶液 2 滴，将试管置于 80℃水浴中 3min，然后观察结果。

硫酸铜沉淀法：向试管中加入肉浸出液 2mL，加 10%硫酸铜溶液 5 滴，振摇后静置 5min，然后观察结果。

（4）判定标准　肉的新鲜度的球蛋白沉淀反应评定标准见表 1-1-4。

表 1-1-4　肉的新鲜度的球蛋白沉淀反应评定标准

新鲜度	评定标准
鲜肉	液体清亮透明
次鲜肉	液体稍浑浊
变质肉	液体浑浊，并有絮片或胶冻样沉淀物

4. 肉中氨的测定

（1）实验原理　氨与四碘二价汞酸钾在碱性环境中发生反应而产生碘化二亚汞铵，碘化二亚汞铵为黄色沉淀。肉浸出液中氨和铵盐越多，则肉浸出液的黄色越浓，沉淀物越多。其反应如下：

$$2(HgI_2 \cdot 2KI) + 3KOH + NH_3 \cdot H_2O \longrightarrow Hg_2ONH_2I\downarrow + 2H_2O + 7KI$$

（2）仪器与试剂　试管 2 支、1mL 吸管 2 支、纳斯勒试剂、试管架等。

（3）操作方法　取 2 支试管放在试管架上，吸取 1mL 肉浸出液注入第一试管中，吸取 1mL 蒸馏水注入第二试管中（对照），再向两个试管中各加 1～10 滴纳斯勒试剂，边滴边摇动试管。观察滴数、颜色变化及透明情况。

（4）评定标准　肉新鲜度的氨含量评定标准见表 1-1-5。

表 1-1-5 肉新鲜度的氨含量评定标准

试剂滴数	氨的大致含量/mg	颜色变化和沉淀的出现	评定符号	肉的品质
10 滴	16 以下	颜色及透明度无变化	－	新鲜肉
10 滴	17～20	呈现透明的黄色	＋ －	肉已经开始腐败，但若还没有感官的腐败象征，此种肉应迅速利用
10 滴	21～30	呈现黄色，浑浊	＋	肉已经开始腐败，但若未出现肉眼可观察到的腐败现象，此种肉必须马上利用
6～10 滴	31～45	滴加 6 滴呈现明显淡黄色浑浊，滴加 10 滴出现少量的沉淀	＋ ＋	有条件的可利用，但此种肉必须处理后方能利用
1～5 滴	45 以上	析出大量的黄色或橙色的沉淀物	＋ ＋ ＋	此种肉禁止食用

5. 硫化氢的测定

（1）实验原理　构成蛋白质的氨基酸中，半胱氨酸和胱氨酸含有巯基，在细菌酶的作用下能形成硫化氢，硫化氢与可溶性铅盐作用时，形成黑色的硫化铅。此种反应在碱性环境下进行，则能提高反应的灵敏度。因此，测定肉中的硫化氢时，常用醋酸铅碱性溶液作为直接滴肉法或滤纸法的试剂。其反应式如下：

$$H_2S + Pb(CH_3COO)_2 \longrightarrow PbS\downarrow + 2CH_3COOH$$

（2）仪器与试剂　100mL 具塞三角瓶、定性滤纸、醋酸铅碱性溶液（在 10%醋酸铅液内加入 10%氢氧化钠溶液，直到析出沉淀为止）。

（3）操作方法

①醋酸铅滴肉法：将醋酸铅碱性溶液直接滴在肉面上，2～3min 后，观察反应。

②醋酸铅滤纸法：将被检肉剪成绿豆或黄豆粒大小的肉粒，放入 100mL 具塞三角瓶中，使之达到瓶容量的 1/3，平铺在瓶底。瓶中悬挂经醋酸铅碱性溶液润湿过的滤纸条，使之略接近肉面（但不接触肉面），另一端固定在瓶颈内壁与瓶塞之间。在室温下放置 15min 后，观察瓶内滤纸条的变色反应。

（4）评定方法　新鲜肉——无变化；次鲜肉——边缘变为淡褐色；变质肉——变为黑褐色或棕色。

（三）细菌镜检

1. 实验原理　肉发生腐败变质的原因很多，但主要是腐败性细菌作用的结果。细菌污染肉体的路径，少数是内源性感染，多数是外源性污染。污染肉体（或肉块）的细菌，可由表层向深层侵入，随着侵入的深度不同而发生菌类交替，即需氧菌仅在表面繁殖，厌氧菌在深层繁殖。检验时，要表里兼顾，表层和深层都要进行检验。

2. 仪器与试剂　显微镜、有盖搪瓷盘、酒精灯、镊子、剪刀、载玻片、革兰氏染色液、瑞特氏染色液等。

3. 检验方法

（1）肉样的采用　用灭菌镊子和剪刀采取。每个胴体（或肉块）采两个肉样，第一个在表层1～1.5cm处采取，第二个在深层2～4cm处采取。

（2）触片的制作

①用无菌的方法，从肉样剪下1块蚕豆大肉块，用镊子夹住，将切面在载玻片上触压，制成触片。

②自然干燥或经火焰固定后，用革兰氏染色法染色。

（3）镜检　每个触片至少要检验5个视野，计算其中的球菌数和杆菌数，然后求出每个视野中球菌和杆菌的平均数。

4. 判定标准

（1）新鲜肉　在载玻片上几乎不留肉的痕迹，着色不明显，表层肉触片上可看到少数球菌或杆菌，深层肉触片上无细菌。

（2）次鲜肉　由于肌肉组织开始分解，触片着染良好，表层肉触片上，平均每个视野内可看到20～30个球菌或几个杆菌，深层肉触片上，不超过20个细菌。

（3）变质肉　肌肉组织有明显的分解现象，触片高度着色，表层肉和深层肉的触片上，平均细菌数都超过30个，其中以杆菌为主。当肉进一步腐败时，则球菌几乎完全消失，整个视野内布满杆菌。

实验二　肉质评定

一、实验目的

通过实验，掌握肉质评定的基本方法。

二、仪器与材料

猪背最长肌150～200g、猪腰大肌150～200g、牛背最长肌500g、剥皮刀、切肉板、酸度计、感量0.001g天平、感量0.1g天平、定性滤纸、书写塑料垫板2块、YYW-2应变控制式无侧限压力仪、定时钟、铝蒸锅、牛肉大理石纹评分图、电炉、取样器、C-LM_2型肌肉嫩度仪、沃-布剪切力仪、恒温水浴锅。

三、评定方法

（一）肉的酸碱度

直接用酸度计测定猪背最长肌酸碱度，用pH表示，以最后胸椎背最长肌中心处的肌肉为代表。使用校正后的酸度计测量，直接记录指针所指示的pH。正常肉的pH为6.1～6.4，PSE肉的pH一般为5.1～5.5。

（二）失水率和系水力

1. 失水率的测定 失水率用压力法度量肌肉失去水分的比例来表示。用宽约1cm的取样刀截取背最长肌5cm肉样一段，平置在洁净的橡皮上，用圆形取样器（面积约为5cm^2）切取中心部分样品一块（即肉样），其厚度为1cm，立即用感量0.001g的天平称量，然后放置于铺有多层定性滤纸的压力仪平台上，一般为18层左右。肉样上方同样覆盖18层定性滤纸，加压至35kg，保持5min。滤纸厚度以水分不透出，全部吸净为度。撤除压力后，立即称量肉样，肉样加压前后质量的差值即为肉样失水重。按下式计算失水率。

$$失水率=\frac{加压前肉样质量-加压后肉样质量}{加压前肉样质量}\times100\%$$

2. 系水力计算 取背最长肌肉样50g左右，按同样方法测定其失水量。然后按下式计算（注：假定肌肉总水量为72%计算，肌肉总水量＝样品重量×72%）。肌肉总水量的准确测定参考国家标准《肉与肉制品水分含量测定》（GB/T 9695.15—2008）。

$$系水力=\frac{肌肉总水量-肉样失水重}{肌肉总水量}\times100\%$$

（三）大理石纹

大理石纹是背最长肌横切面上脂肪含量和分布情况，反映背最长肌中肌内脂肪含量和分布的指标。根据背最长肌横切面处脂肪含量和分布情况，通过目测法和对照大理石纹等级图谱（图1-2-1）进行评定。大理石纹等级共分为4个等级：S级、A级、B级和C级，分别表示极丰富、丰富、一般和极少。

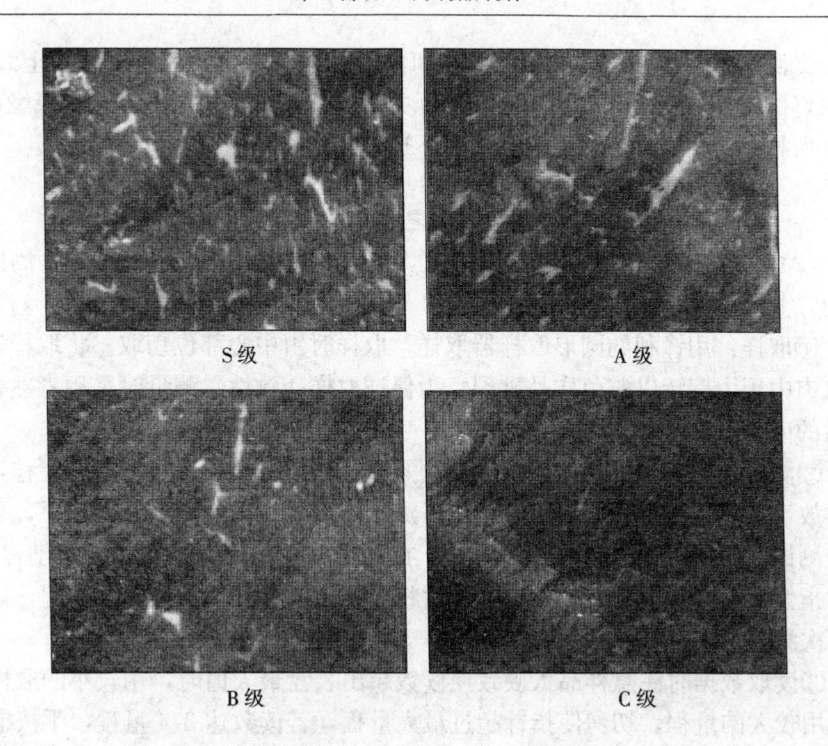

图1-2-1 牛肉大理石纹等级图谱（GB/T 29392—2012）

（四）熟肉率

取完整的猪腰大肌30～50g。用感量0.1g的天平称量，然后置于平皿上用沸水煮45min。取出放置于室内阴凉处，冷却至室温，沥干水分后再称量，两次称量的比例即为熟肉率。其计算公式为

$$熟肉率=\frac{煮后肉样质量}{煮前肉样质量}\times 100\%$$

（五）肉嫩度

1. 肉样的采集和处理 从成熟的猪胴体中切取半腱肌和腰大肌的中段、背最长肌第一至第四腰椎间段，除去肌肉表面附着的脂肪，备用。将肉样置于80～85℃恒温水浴锅中加热至肌肉中心温度达70℃，维持约30min，取出冷却。

2. 嫩度测定 有下述两种方法。

（1）方法一 选用国产C-LM$_2$型肌肉嫩度仪进行测试，操作步骤如下。

①取样：用直径1.27cm的圆形取样器按与肌纤维平行的方向切取被测试肉样，肉样长度为2.5cm。

②测定：将肌肉嫩度仪的红指针和白指针调至零位，剪切力调至上线位，将取好的肉样放入刀孔处放平，按动开关剪切力下行，切断肉样，记录嫩度仪指针所指的数值，即为剪切力。再用下述公式计算出相对剪切力（F_s）。

$$F_s = \frac{\text{所测样品剪切力(N)}}{\text{所测样品之横截面积(cm}^2\text{)}}$$

（2）方法二　使用沃-布剪切力仪（Warner-Bratzler meat shear）测定剪切力，其操作如下。

①取样：用锋利的圆形取样器取样，取样时由中心部位切取。将取样器压入肌肉中用力旋转以避免样品破裂。为保证取样一致性，测量时采用煮熟并冷却后的肉样。

②测定：将剪切力仪的读数指针调零，使黑色手柄提升以将滑槽上移，把肉样放于三角形孔上，电机运转，压下测试器顶端附近的两个投射把手，这将会使测试器中的机械啮合并开始剪切。在运行到底部时，剪切机械自动停止，此时指针所指数值即为剪切力值。然后将黑色手柄提升，检测头部提起，以备下一次测定。

③读取数据时注意样品太硬致使读数超出表盘最大值时，用较小的取样器或换用较大的量程。切勿使指针超过最大量程，若读数达 3/4 量程，手按电机开关以备随时关机。

实验三　腌腊肉制品的制作

一、实验目的

腌腊肉制品包括腊肉类、咸肉类、腌制肉类三种肉制品。通过本实验以腊肉制作为例对腌腊肉制品的制作过程有所了解，并初步掌握其制作方法。

二、材料与用具

剔骨鲜猪肋条肉、食盐、硝酸钾、硝酸钠、白糖、酱油、大曲酒、白酒、花椒、混合香料、麻线、腌板、剥皮刀、簸箕、天平（感量 0.1g）、台秤、小缸、烘烤烟熏炉、温度计、铝锅。

三、原料肉的选择及处理

选择健康猪的腰部、肋部和下腹部的新鲜肉，剔去骨头，切成2～3kg重的长条肉块。然后，将肉挂在或铺在阴凉通风处，冷凉至0～10℃，凉透后即可按不同的方法进行制作。

四、制作方法

腊肉的制作方法：原料肉的修整→配料→腌制→烘制→成品。本实验以广式腊肉和川味腊肉的制作为例进行具体介绍。成品参照腌腊肉制品卫生标准（GB 2730—2005）进行品质评定。

（一）广式腊肉的制作

1. 原料肉的修整　将5kg猪肋条肉，去骨切除奶脯，切成3cm宽、36～40cm长、约0.17kg重的条肉。肉的一头刺一小洞，以便穿麻线悬挂。然后用40℃的温开水洗去浮油，稍沥干水分，放入配料腌制。

2. 配料　每50kg修整后的肉，用食盐1.5kg、硝酸钠25g、白糖2kg、酱油2kg、酒精度60%的大曲酒0.9kg。

3. 腌制　将肉与配料充分混合，腌制5～8h，每2～3h翻缸一次，然后依次穿上细麻线，挂在竹竿上（如有剩余配料液，可分次涂于肉条表面），稍干后，再进行烘制。

4. 烘制　用烤房或烤箱烘制，温度掌握在40～50℃烘烤2～3d即成。烘烤中要上下调换位置，注意检查质量，以防烘坏。此外，还可以用日光暴晒，晚上移进室内，晒数天后，至肉表面出油时即可。但如遇阴雨天气，应及时进行烘烤，以防变质。

5. 成品　成品应呈金黄色，色香而味美，肉条整齐，不带碎骨，成品率不低于70%。

（二）川味腊肉的制作

1. 原料肉的修整　选新鲜的猪肉，带皮剔骨，切成长30～40cm、宽4～6cm、重0.7～0.85kg的长条肉块。

2. 配料　100kg肉，用食盐7～8kg、花椒0.1kg、白酒0.15kg、白糖适量、硝酸钾2g、混合香料（由桂皮3kg、八角1kg、荜拔3kg、甘草2kg混合制成粉末而成）0.15kg。

3. 腌制 将配料调制均匀依次涂在肉上，然后将肉块皮面向下、肉面向上平放在腌肉缸或腌肉池内，逐层堆叠，最后一层皮面向上，并将剩余的配料均匀地洒在腌肉面上，腌制3～4d翻缸，再腌3～4d，配料全部渗入肉内即可出缸。

4. 水洗 出缸后用15～20℃的温水洗净肉上的白霜或杂质，然后悬挂在通风处晾干，再进行烘烤。

5. 烘制 通常用烘干房烘烤，开始时温度为40℃左右，经过4～5h后逐渐升温，最高不超过55℃，以免烤焦流油，影响品质。然后逐步降温，共需要烘烤40～48h。在烘烤过程中，当烤制肉皮略带黄色时，翻竿一次，烤到皮色干硬，瘦肉呈鲜红色，肥肉透明或呈乳白色时即可。

6. 成品与规格 烘烤结束后，悬挂在空气流通处，散尽热气后即为成品。成品率为70%左右。其规格：无骨带皮，长条状，每块0.5～0.75kg，长度27～37cm，宽度3.3～5.0cm，色泽鲜明，瘦肉具有鲜红色，肥肉透明或呈乳白色，肉身干爽、结实、有弹性，指压无明显凹痕，具有腊肉固有的风味，无哈败味，无臭味。

实验四　酱卤肉制品的制作

一、实验目的

通过对道口烧鸡、德州扒鸡、符离集烧鸡、南京盐水鸭、五香酱牛肉的制作，掌握酱卤肉制品原料、辅料的选择要求，熟悉生产工艺流程、技术要点和机械设备操作要领。

二、制作方法

（一）道口烧鸡的制作

1. 工艺流程

原料选择→宰杀→煺毛→开膛与造型→上色和油炸→煮制→成品

2. 配方 见表1-4-1。

表 1-4-1　道口烧鸡的配方（以 100 只鸡计算）

名称	质量/g	名称	质量/g
砂仁	15	丁香	3
肉桂	90	陈皮	30
豆蔻	15	草果	30
良姜	90	白芷	90
食盐	2～3	亚硝酸钠	15～18

3. 操作要点

（1）原料选择　选择鸡龄在半年到 1 年，活重在 1～1.25kg 的鸡，尤以雏鸡和肥母鸡为佳。

（2）宰杀　宰杀前禁食 12～24h，采用颈下切断三管，刀口要小，部位正确。宰后 2～3min 即可转入下道工序。

（3）浸烫和煺毛　浸烫水温 65～68℃，煺毛顺序依次为：两侧大腿、右侧背、腹部、鸡翅、头颈部。在清水中洗净细毛，搓掉皮肤上的表皮，使鸡胴体洁白。

（4）开膛与造型　将在水中浸泡的鸡体取出，于脖根部切一小口，用手指取出嗉囊和三管，将鸡身向上，左手拿住鸡体，右手持刀将鸡的胸骨中间切断，并用手捺折，将体腔内内脏全部掏净，用清水多次冲洗，直至鸡体内外干净洁白为止，并去爪，割去肛门。

造型是道口烧鸡的一大特色，根据鸡的大小，将木棒插入腹内，撑开鸡体，再在鸡的下腹部开一小圆洞，把两只腿交叉插入洞内，两翅交叉插入鸡口腔内，使鸡体成为两头尖的半圆形。把造型完毕的鸡体浸泡在清水中 1～2h，使鸡体发白后取出沥干。

（5）上色和油炸　沥干水分的胴体，均匀地涂上稀释的蜂蜜水溶液（水与蜂蜜之比为 6∶4），稍许沥干，然后将鸡放入 150～180℃的植物油中，翻炸 1min 左右，待鸡体呈橘黄色时取出。油炸温度很重要，温度达不到时，胴体上色不好。油炸时严禁破皮。

（6）煮制　用纱布将各种香料包好，放入锅底，然后将胴体整齐码好，倒入老汤，并加适量的清水，液面高于胴体表层 2cm 左右，上面用竹箅压住，以防煮制时胴体浮出水面。先用旺火将水烧开，然后放入亚硝酸钠。再改用文火将鸡焖煮至熟，焖煮时间视季节、鸡龄、体重等因素而定，一般 3～5h。恰当掌握煮制的火候。煮烂出锅时应注意卫生。

（二）德州扒鸡的制作

1. 工艺流程

原料选择→宰杀→煺毛→开膛与造型→上色和油炸→煮制→成品

2. 配方 见表 1-4-2。

表 1-4-2 德州扒鸡的配方（以 100 只鸡计算）

名称	质量/g	名称	质量/g
大茴香	50	草果	25
桂皮	60	陈皮	25
肉蔻	25	小茴香	50
草蔻	25	砂仁	5
丁香	10	花椒	50
白芷	60	生姜	125
山柰	35	食盐	1 750
口蘑	300	酱油	2 000

3. 操作要点

（1）宰杀煺毛 选用 1kg 左右的当地小公鸡或未下蛋的母鸡，颈部宰杀放血，用 70～80℃热水冲烫后去净羽毛。剥去脚爪上的老皮，在鸡腹下近肛门处横开 3.3cm 的刀口，取出内脏、食管，割去肛门，用清水冲洗干净。

（2）造型 将光鸡放在冷水中浸泡。捞出后在工作台上整形，鸡的左翅自脖子下刀口插入，使翅尖由嘴内侧伸出，再把两大腿骨用刀背轻轻砸断并交叉，将两爪塞入鸡腹内，似猴子戏水的造型。造型后晾干水分。

（3）上色 将白糖炒成糖色，加水调好（或用蜂蜜加水调制），在鸡体上涂抹均匀。

（4）油炸 锅内放花生油，在中火上烧至八成熟时将上色后鸡体入，油炸 1～2min，炸至鸡体呈金黄色、微光发亮即可。

（5）煮制 炸好的鸡体捞出，沥油，放在煮锅内层层摆好，锅内放清水（以没过鸡为度），加料包（用洁布包好）、拍松的生姜、精盐、口蘑、酱油，用箅子将鸡压住，防止鸡体在汤内浮动。先用旺火煮沸，小鸡 1h，老鸡 1.5～2h 后，改用温火焖煮，保持锅内温度 90～92℃微沸状态。煮鸡时间要根据不同季节和鸡的老嫩而定，一般小鸡焖煮 6～8h，老鸡焖煮 8～10h，即为煮好。煮鸡的原汤可留作下次煮鸡时继续使用。

（6）出锅　出锅时，先加热煮沸，取下石块和铁箅子，一手持铁钩钩住鸡脖处，另一手拿笊篱，借助汤汁的浮力顺势将鸡捞出，力求保持鸡体完整。再用细毛刷清理鸡体，晾一会儿，即为成品。

（三）符离集烧鸡的制作

1. 工艺流程

原料选择→宰杀→煺毛→开膛与造型→上色和油炸→煮制→成品

2. 配方　见表1-4-3。

表1-4-3　符离集烧鸡的配方（以100只鸡计算）

名称	质量/g	名称	质量/g
桂皮	100	肉蔻	30
白糖	150	山柰	30
陈皮	100	砂仁	20
八角	100	丁香	30
小茴香	20	白芷	50
食盐	1 500	草果	30
生姜	200	花椒	50
饴糖	2 000	芝麻油	15 000

3. 操作要点

（1）宰杀煺毛　选用健康的小公鸡，重约1kg。颈部放血，浸烫煺毛，清洗干净。在右翅前面与颈部连接处开一小口，取出嗉囊。再在腹部靠近肛门处开口，伸进两指，掏出内脏。掏净膛的鸡，放进清水里漂洗。

（2）造型　洗净的鸡放在案板上，两腿交叉插入腹中，一翅向后别，另一翅向前从口腔中穿出。造型后晾干水分。

（3）上色和油炸　将造型过的鸡体，用毛刷蘸饴糖涂抹鸡身。晾干后，放入热油锅中炸5min，炸至鸡皮呈金黄色时，捞出控油。

（4）煮制　炸好的鸡按层次摆放在锅内，加入食盐和香料包，放上竹箅，压上石块。加入老汤和水，加热煮沸，控制火势维持微沸即可。当年的小鸡煮制1h，老鸡煮制3h。捞出后，即为成品。

（四）南京盐水鸭的制作

1. 工艺流程

原料选择→宰杀→浸烫煺毛→开膛取内脏→清膛与水浸→腌制→煮制→冷却切块

2. 操作要点

（1）活鸭的选择　选择当年肉用型健康仔鸭，以两翅下有核桃肉，尾部四方肥为佳，活重在 1.5kg 以上。

(2) 宰杀　以口腔宰杀为佳，可保持商品完整美观，减少污染，但为便于拉出内脏，目前多采用切断三管法。为便于放血和内脏处理，宰前 12h 即停止喂食，不断饮水。宰杀要注意以切断三管为度，刀口过深易掉头和出次品。

(3) 浸烫煺毛

①浸烫：水温以 63～65℃为宜，水量要多，以便于鸭体搅烫均匀，一般 2～3min。水温过高，制得的成品皮色不好，易出次品；水温过低，脚爪不能脱皮，大毛不易拔除，且皮易撕破。此外，浸烫时间过长，则毛孔收缩，尸体发硬，煺毛就很困难。

②煺毛：先拔翅上羽毛，再拔背毛，然后拔腹脯毛、尾毛、颈毛，此称为抓大毛。拔完毛后随即拉出鸭舌，再投入冷水中浸洗，并用镊子拔净小毛、绒毛，称为净小毛。

(4) 开膛取内脏

①下四件：即两翅、两脚。从翅、腿中间关节处切断，小腿骨齐须露出，并不抽筋，否则会造成腿部空虚而成次品。

②开口：将右翅提起，用刀在肋下垂直向下切，深约 3cm，并可听到“噗”一声。再将刀向上划至翅根的中部，再向下划至腰窝，形成一月牙形口子，长 7～8cm，注意一定要围绕核桃肉与鸭体平行，防止口子偏大。因为鸭子食道偏右，为便于拉出食道，开口在右翅下。顺手用指头在泄殖腔口挤出生殖器并将其割去。

③挖心脏：用左手抵住胸部，用右手大拇指在月牙形口子下部推断肋骨，挖出心脏，然后拉出食道和嗉囊，若是公鸭，须挖出喉结。

④取鸭肫：将右手食指从月牙形口子伸入腹腔，先将内脏和体壁相连的筋膜搅断，用力拖出鸭肫，抽出食道，扯出肠子，于是全部消化系统由月牙形口子拉出，最后取出鸭肺。

按上述方法取出内脏后，鸭子空腹，但外观完整美观，与没有取出内脏的光鸭一样。

(5) 清膛与水浸

①清膛：用清水清洗体腔内残留的破碎内脏和血液，从肛门处把肠子断头拉出并剔除，注意切勿将腹膜内脂肪和油皮割断，以免影响成品品质。

②水浸（冷水拔血）：将洗净的鸭体浸泡于冷的清洁水中，浸 3～4h。

③沥水：将体腔内残留的水沥净，并挂起鸭子沥水晾干。

(6) 腌制　先干腌，即用食盐或八角炒制的食盐 100～150g 涂擦鸭体内腔和体表，擦后堆码腌制2～4h。再行复卤2～3h即可出缸，复卤即用老卤腌制。

复卤后的鸭坯，用6cm长的中空竹管插入肛门，再从开口处填入腹腔料：姜2～3片、八角2粒、葱1～2根，然后用开水浇淋鸭体表，使肌肉和外皮绷紧，外形饱满。

（7）煮制　水中加三料（葱、姜、八角）煮沸，将鸭放入锅中，开水很快进入内腔，提鸭头放出腔内热水，再将鸭放入锅中让热水再进入腔内，依次将鸭坯放入锅中，压上竹盖使鸭全浸在液面以下，焖煮20min左右，此时锅中水温在85℃左右。20min后加热升温到水似开而未开时，提鸭倒汤，再入锅焖煮20min左右。第二次升温至90～95℃，再次提鸭倒汤，然后焖5～10min，即可起锅。在焖煮过程中，水不能开，始终维持在85℃左右，否则水开会导致肉中脂肪熔化，肉质变老，失去鲜嫩特色。

（8）冷却切块　煮好的盐水鸭，冷却后切块，取煮鸭的汤汁适量，加少量的食盐和味精，调制成最适口味，浇于切块鸭肉上，即可食用。切块必须冷却后切，否则热切肉汁易流失，切不成块。

（五）五香酱牛肉的制作

1. 工艺流程

原料肉的选择与修整→清洗浸泡→码锅酱制→打沫→翻锅→小火焖煮→出锅冷却→成品

2. 配方　见表1-4-4。

表1-4-4　五香酱牛肉的配方

名称	质量/kg	名称	质量/kg
牛肉	100	八角	0.3
干黄酱	8	花椒	0.3
肉蔻	0.12	红辣椒	0.4
油桂	0.2	精盐	3.8
白芷	0.1	白糖	1
味精	0.4		

3. 操作要点

（1）原料肉的选择与修整　选择优质、新鲜、健康的肉牛肉进行加工。首先去除淋巴、淤血、碎骨及其表面附着的脂肪和筋膜，然后切割成500～800g的方肉块。

（2）清洗浸泡　将方块肉浸入清水中浸泡20min，捞出冲洗干净，沥水待用。

(3) 码锅酱制　先用少许清水把干黄酱、白糖、味精、精盐溶解，锅内加足水，把溶好的酱料入锅，水量以能够浸没牛肉3～5cm为度，旺火烧开，把切好的牛肉下锅，同时将其他香辛料用纱布包裹扎紧入锅，保持旺火，水温在95～98℃，煮制1.5h。

(4) 打沫　在酱制过程中，仍然会有少许不溶物及蛋白凝集物产生浮沫，将其清理干净，以免影响产品最终的品质。

(5) 翻锅　因肉的部位及老嫩程度不同，在酱制时要翻锅，使其软烂程度尽量一致。一般每锅1h翻一次，同时要保证肉块一直浸没在汤中。

(6) 小火焖煮　大火烧开1.5h后，改用小火焖煮，温度控制在83～85℃为宜，时间5～6h，这是酱牛肉软烂、入味的关键步骤。

(7) 出锅冷却　牛肉酱制好后即可出锅冷却。出锅时用锅里的汤油把捞出的牛肉块淋洗几次，以冲去肉块表面附着的料渣，然后自然冷却即可。

实验五　熏烧焙烤肉制品的制作

一、实验目的

通过对烤鸭的制作，了解该类产品的制作特点及工艺要领，掌握该类产品的制作技术及相关设备的使用。

二、材料与设备

1. 主料　选用经过育肥的活重在2.5kg以上的北京填鸭，或重约2kg的北京光填鸭。

2. 辅料　麦芽糖水（糖水比为6：4）、葱、姜、八角、酱油、食盐、白糖、味精。

3. 设备　刀具、烤炉、台秤、腌制缸、电炉等。

三、制作方法

1. 工艺流程

选料→宰杀与清洗→挂色灌肠→挂炉烤制→成品

2. 操作要点

(1) 选料　烤鸭的原料必须选用当年长成经育肥的健康肉鸭，以2月龄左右活重2.5kg以上的最为适宜。

(2) 宰杀与清洗　宰前12h停止喂食，但给予饮水。采用切断三管颈部放血法宰杀，烫毛水温为63～65℃，时间2～3min。拔毛后，切去翅膀和脚爪，拉出鸭舌，然后在右翼下开膛，取出全部内脏，用清水把鸭体内残留的破碎内脏和血污冲洗干净，再放入冷水里浸泡1h左右，以除净体内存血，然后晾挂沥干水分，用100℃沸水浇淋烫皮。

(3) 挂色灌肠　烫皮以后，用麦芽糖水均匀涂抹鸭体表全身，然后放通风处晾干。进炉前，将一根长8cm左右的竹管（不通）插入鸭体肛门中，再从翅下开口处向腹腔内放入八角2粒、生姜2～3片、葱2根，然后再向体腔内灌入100℃开水70～100mL，进炉烤制。

(4) 挂炉烤制　鸭子挂入烤炉后，先以180℃烤制30～40min，以达烤熟目的。然后升温至240℃左右，爆烤5～10min，以达爆色产香。当鸭的全身呈枣红色，均匀一致时，即可出炉。烤鸭出炉后，首先拔出肛门中的竹管，收集腔内汤汁，并加入少量的开水，再放入味精、酱油、食盐、白糖，煮沸后待用。烤鸭冷却后，切块放入盘中，然后浇上调制好的汤汁即可食用。

实验六　干肉制品的制作

一、实验目的

通过本实验，了解肉松、肉干、肉脯等干制品的制作过程，并熟悉制作设备的使用。

二、制作方法

(一) 肉松的制作

1. 材料与设备　原料肉、肉松专用粉、脱皮整粒芝麻、色拉油、白糖、混合香料、食盐、味精等，煮制锅、拉丝机、炒松机等。

2. 配料　净瘦肉100kg、豌豆粉10～20kg、芝麻6～8kg、白糖16～

18kg、食盐 3kg、味精 0.3kg、混合香料 0.15kg、生姜 1kg、葱 1kg。

3. 制作工艺

原料整理→煮制→拌料→拉丝→炒松→油酥→冷却包装

(1) 原料整理　选用新鲜的猪肉和牛肉，以后腿的瘦肉为最佳。剔去皮、骨、脂肪、筋腱，然后洗净，沿肉的肌纤维方向切成重约 0.25kg、长 6～10cm、宽 5cm 的肉块。

(2) 煮制　将切好的肉块放入锅中，按 1 ∶ 1.5 的比例加水，再将混合香料、葱、姜用纱布包好投入煮制锅中，煮沸后小火慢煮，直至加压肉纤维能自行分离为止，需 3～4h，收尽汤汁。

(3) 拌料　将白糖、食盐、味精混匀后拌入肉料中，微火加热，出锅冷却后，将专用粉均匀拌至肉料中，注意不能趁热拌粉，否则粉黏结，不易拌匀。

(4) 拉丝　用专用拉丝机将肉料拉成松散的丝状，一般重复拉 3～5 次。

(5) 炒松、油酥　将拉成丝的肉松坯置于专用炒锅中，边炒边手工翻动，炒至色呈棕黄或黄褐色。在炒至九成熟时，加入脱皮芝麻，再用漏勺均匀洒入 150℃左右的色拉油，同时降低火力，边洒边快速翻动，拌炒 5～10min 至肉纤维呈蓬松的团状，色泽呈金黄或棕黄色为止。整个炒制时间为 1～1.5h。

(6) 冷却包装　出锅的肉松置于成品冷却间冷却，冷却间要求卫生条件好。冷却后立即包装，以防吸潮回软，影响产品质量，缩短保质期。一般采用铝箔或复合透明袋包装。按照上述条件袋装保质期为 6 个月。

4. 质量要求

(1) 感官指标　见表 1-6-1。

表 1-6-1　干肉制品的感官指标

项目	指　标
色泽	黄褐色或棕褐色，有光泽
气味	具有该产品特有的香味，无焦臭味，无哈味等异味
滋味	咸甜适中，入口酥松易碎，无油涩味
形态	肌纤维长短均匀，无筋腱，无杂质，无焦斑或霉斑

（2）理化指标　见表1-6-2。

表1-6-2　干肉制品的理化指标

项　目	指　标
水分/%	≤8
蛋白质/%	≥25
脂肪/%	≤25
铅（以Pb计）/（mg/kg）	≤0.5
砷（以As计）/%	≤0.5

（3）微生物指标　见表1-6-3。

表1-6-3　干肉制品的微生物指标

项　目	指　标
细菌总数/（cfu/g）	≤30 000
大肠菌群/（MPN/g）	≤40
致病菌	不得检出

（二）肉干的制作

肉干是用猪、牛等瘦肉经煮熟后，加入配料复煮、烘烤而成的一种肉制品。因其形状多为边长1cm大小的块状，故称作肉干。按原料分为猪肉干、牛肉干等，按形状分为片状、条状、粒状等，按配料分为五香肉干、辣味肉干、咖喱肉干等。

1. 材料与用具　猪肉、牛肉、精盐、酱油、白糖、生姜、五香粉、葱、味精等，炉灶、锅、锅铲、砧板、簸箕等。

2. 操作要点

（1）原料肉的选择与处理　多采用新鲜的猪肉和牛肉，以前后腿的瘦肉为最佳。先将原料肉的脂肪和筋腱剔去，然后洗净沥干，切成0.5kg左右的肉块。

（2）水煮　将肉块放入锅中，用清水煮开后撇去肉汤上的浮沫，浸烫20～30min，使肉发硬，然后捞出切成边长1.5cm的肉丁或切成0.5cm×2.0cm×4.0cm的肉片（按需要确定）。

（3）配料　介绍3种配方，按100kg瘦肉计算，配料见表1-6-4。

表 1-6-4 肉干配料（kg）

种类	食盐	酱油	五香粉	白糖	黄酒	生姜	葱	备注
1	2.5	5.0	0.25	—	—	—	—	
2	3.0	6.0	0.15	—	—	—	—	
3	2.0	6.0	0.25	8.0	1.0	0.25	0.25	

注：如无五香粉时，可将小茴香、陈皮及桂皮适量包扎在纱布内，然后放在锅内与肉同煮。

（4）复煮　取原汤一部分，加入配料，用大火煮开。当汤有香味时，改用小火，并将肉丁或肉片放入锅内，用锅铲不断轻轻翻动，直到汤汁将干时，将肉取出。

（5）烘烤　将肉丁或肉片铺在铁丝网上用 50～55℃进行烘烤，要经常翻动，以防烤焦，需 8～10h，烤到肉发硬变干，具有芳香味时即成肉干。牛肉干的成品率为 50%左右，猪肉干的成品率为 45%左右。

（三）肉脯的传统制作工艺

肉脯是指瘦肉经切片（或绞碎）、调味、摊筛、烘干、烤制等工艺制成的干、熟薄片型的肉制品。成品特点：干爽薄脆，红润透明，瘦不塞牙。与肉干制作方法不同的是肉脯不经水煮，直接烘干而制成。

同肉干一样，随着原料、辅料、产地等的不同，肉脯的名称及品种不尽相同，但按其制作工艺，主要有传统的肉脯和新型的肉糜肉脯两大类。这里介绍肉脯的传统制作方法。

1. 工艺流程

原料选择和整理→冷冻→切片→腌制→摊筛→烘烤→烧烤→压平→切片成型→包装

2. 操作要点

（1）原料选择和整理　传统肉脯一般是由猪、牛肉制作而成。选用新鲜的牛、猪后腿肉，去掉脂肪、结缔组织，沿肌纤维切成 1kg 的肉块。要求肉块外形规则，边缘整齐，无碎肉、淤血。

（2）冷冻　将修割整齐的肉块装入模内移入速冻冷库中速冻，至肉块深层温度达 2～4℃出库。

（3）切片　将冻结后的肉块放入切片机中切片或手工切片。切片时须顺肌纤维方向，以保证成品不易破碎。切片厚度一般控制在 1～2mm。

（4）拌料腌制　将辅料混匀后，与切好的肉片拌匀，在不超过 10℃的冷库中腌制 2h 左右。腌制的目的一是入味，二是使肉中盐溶性蛋白溶出，有助于摊筛时使肉片之间粘连。肉脯配料各地不尽相同，以下是两种常见肉脯配方。

①上海猪肉脯（kg）：原料肉 100，食盐 2.5，硝酸钠 0.05，白糖 15，高粱酒 2.5，味精 0.30，白酱油 1.0，小苏打 0.01。

②天津牛肉脯（kg）：牛肉片 100，酱油 4，山梨酸钾 0.02，食盐 2，味精 2，五香粉 0.30，白砂糖 12，异抗坏血酸钠 0.02。

（5）摊筛　在竹筛上涂刷食用植物油，将腌制好的肉片平铺在竹筛上，肉片之间彼此靠溶出的蛋白粘连成片。

（6）烘烤　烘烤的主要目的是促进发色和脱水熟化。将摊放肉片的竹筛上架晾干水分后，放入远红外烘箱中或烘房中脱水熟化。其烘烤温度控制在55～70℃，前期烘烤温度可稍高。肉片厚度 2～3mm 时，烘烤时间 2～3h。

（7）烧烤　烧烤是将成品放在高温下进一步熟化并使质地柔软，产生良好的烧烤味和油润的外观。烧烤时可把半成品放在远红外空心烘炉的转动铁丝网上，用 200～220℃温度烧烤 1～2min，至表面油润、色泽深红为止。

（8）压平、切片成型　烧烤结束后趁热用压平机压平，按规格要求切成一定的长方形。

（9）包装　冷却后及时包装。塑料袋或复合袋须真空包装。马口铁听装加盖后锡焊封口。

实验七　油炸肉制品的制作

一、实验目的

通过本实验，以油炸鸡腿的制作为例，熟悉油炸肉制品的原料和辅料要求，掌握所需制作设备的使用方法、工艺流程和特点，进一步巩固课堂的知识。

二、材料与用具

鸡腿、辅料、油炸设备等。

三、制作方法

1. 工艺流程

选料→腌制液制备→注射腌制→预煮→卤煮→上色→油炸→冷却→包装

2. 腌制液配方（以 50kg 原料鸡腿计，单位：g） 食盐 1 000，卡拉胶 40，淀粉 100，大豆蛋白 200，亚硝酸钠 7.5，山梨酸钾 22，复合磷酸盐 44。

3. 卤水配方（以 50kg 水计，单位：g） 良姜 300，葱 100，花椒 150，陈皮 100，丁香 50，八角 100，草果 100，山柰 150，白芷 150，胡椒 150，姜黄 150，冰糖 10 000（部分用作上色），砂糖 5 000，味精 1 500，食盐 1 000，精炼油 4 000，猪骨 2 块。

4. 操作要点

（1）注射腌制 首先配制腌制液，用 20kg 水将腌制液配方中所列物质充分混合溶解。采用盐水注射机注射，注射后的鸡腿置于 4℃温度下腌制 24h。

（2）预煮、卤煮 将腌好的鸡腿放入沸水中预煮 10min 左右，以刚煮透为准，俗称“紧肉”。然后以小火卤煮预煮后的鸡腿，保持卤汤微沸状态，卤煮 1h。

（3）上色、油炸 调配柠檬黄色素液刷在鸡腿上（或用蛋清、蜂蜜、精炼油调配上色也可）。在油温 180℃时下锅，油炸 1min，迅速出锅。

（4）包装 冷却后的鸡腿采用热收缩膜真空包装。

四、感官评定

鸡腿饱满规则，色泽鲜艳均匀，口感香甜鲜美，油炸风味浓郁。

实验八 肠类肉制品的制作

一、实验目的

通过本实验，熟悉和了解各种肠类肉制品的原料、辅料要求及制作设备的使用方法，了解其操作和工艺流程，了解中式香肠和西式灌肠的特点。

二、制作方法

（一）中式香肠的制作

1. 材料 肉、辅料、肠衣。

2. 用具 天平、台秤、切肉丁机、搅拌器、烘烤设备、灌肠机。

3. 工艺流程

原材料的选择及处理→拌料→灌制→漂洗→日晒（烘烤）→成熟

4. 操作要点

(1) 原材料的选择及处理（切丁）

①猪肉：以新鲜猪后腿肉为主，夹心肉次之，肥肉以背膘为主，剥皮剔骨，去除筋腱，用切肉丁机切成肉丁，肥肉与瘦肉分开放置，背膘用温开水洗去浮油后沥干待用。

②配料：以如皋香肠为例，其配料见表1-8-1。

表1-8-1　如皋香肠配料（kg）

原料	质量	原料	质量
瘦肉	80或70	白糖	5
肥肉	20或30	无色酱油	2
精盐	4	葡萄糖	适量
曲酒	0.5		

③其他材料的准备：肠衣用新鲜猪或羊的小肠衣，干肠衣在用前要用温水泡软洗净沥干后待用。麻绳（或线绳）用于结扎香肠，一般制作100kg原料用麻绳1.5kg。

(2) 拌料　将瘦肉、肥肉丁放在搅拌器中，搅拌均匀，将配料用酱油或少量温开水（50℃左右）溶解，加入肉丁中充分搅拌均匀，不出现黏结现象，静置片刻即可灌制。

(3) 灌制　将上述搅拌好的肉馅用灌肠机灌入肠内，每节12～15cm，可用麻绳结扎。灌制结束后，用细针打孔，以便于水分和空气外泄。

(4) 漂洗　灌好结扎后的湿肠，放入温水中漂洗一次，洗去肠衣表面的碎肉渣等附着物。

(5) 日晒（烘烤）　水洗后的香肠分别排在竹竿上，放到日光下晒2～3d。工厂生产的灌肠应进烘房烘烤，温度控制在50～60℃（用炭火最佳），每烘烤6h左右调换位置，以使烘烤均匀，烘烤48h后，香肠色泽红白分明，鲜明光亮，没有发白现象，烘制完成。

(6) 成熟　将日晒（烘烤）后的香肠，放到通风良好的场所晾挂成熟，晾挂30d左右，此时为最佳食用时期，成品率约为60%。规格为每节13.5cm，直径1.8～2.1cm，色泽鲜明，瘦肉呈鲜红色或枣红色，肥膘呈乳白色，肉身干燥结实，有弹性，指压无明显凹痕，咸度适中，无肉腥味，略有甜味。在

10℃下可保藏4个月。

（二）西式香肠的制作

1. 材料　肉、辅料、肠衣等。

2. 用具　绞肉机、斩拌机、灌肠机等。

3. 工艺流程

原料的整理、腌制→制馅→灌制→烘烤→煮制→烟熏

4. 操作要点

（1）原料的整理、腌制

①整理：生产灌肠的原料肉，应选择脂肪含量低、结着力好的新鲜肉，要求剔去大小骨头以及结缔组织等，最后将瘦肉切成拳头大小的肉块，肥膘切成边长1cm的膘丁，以备腌制。

②配料：以红肠为例，其配料见表1-8-2。

表1-8-2　红肠配料

原料	质量	原料	质量
猪瘦肉	75kg	猪肥膘肉	19kg
淀粉	6kg	精盐	3.5～4kg
味精	27g	蒜	0.18kg
胡椒粉	72g	硝酸钠	25g

③腌制：将肥、瘦肉分别按表1-8-2配方进行腌制，通常肥肉中无须添加硝酸钠，置于10℃以下的冷库中腌制3d左右，肉块切面变成鲜红色，且较坚实有弹性，达到脂肪坚硬、切面色泽一致即可结束腌制。

（2）制馅

①绞碎：腌制后的肉块，需要用绞肉机绞碎，一般用孔径2～3cm的筛板绞碎。在绞肉时必须注意，肉与机器摩擦会导致温度升高，尤其是在夏天，必要时需进行冷却。

②斩拌：为把原料粉碎至肉糜状，使成品具有鲜嫩细腻特点，原料需经斩拌工序（大红肠、小红肠必须经斩拌工序）。斩拌时，通常先将瘦肉和部分肥肉斩至糨糊状。同时，根据原料的干湿和肉馅的黏性，添加适量的水，一般每100kg原料加水30～40kg。并根据配料加入香料。淀粉须以清水调和，除去杂质后加入。最后将剩余的肥膘丁加入，斩拌时间一般为5min，为了避免温度的升高，斩拌时要向肉中加7%～10%的冰屑，冰屑数量包括在加水总量内。斩拌结束时肉馅的温度最好能保持在10℃以下。

（3）灌制　此工序与中式香肠灌制基本相同。

（4）烘烤　为使肠膜干燥易着色及对肠进行杀菌以延长保存时间，一般均要进行烘烤，通常条件为65～70℃、40min，烤至表面干燥透明，肠馅显露淡红色。

（5）煮制　煮制和染色同时进行，通常采用水煮，先使锅内水温达到90～95℃，放入色素搅拌均匀，随即将所灌得的半成品放入，然后保持水温80～83℃，肠中心温度要达到72℃并恒温35～40min，然后出锅。煮熟的标志是，用手掐肠体感到硬挺有弹性，习惯上每50kg样品需用水约150kg。

（6）烟熏　为了增强保藏性和特有的烟熏味，需采用烟熏工序，条件为48～50℃、6～8h。肠体表面光滑而且有细细的皱纹，即为烟熏成熟的成品，出熏房自然冷却，即可食用。

实验九　西式火腿肉制品的制作

一、实验目的

通过本实验，熟悉西式火腿的原料和辅料要求，掌握所需制作设备的使用方法、工艺流程和特点，进一步巩固课堂的知识。

二、材料与用具

1. 材料　肉、辅料等。

2. 用具　刀具、容器、滚揉机、盐水注射机、软化机、火腿模、蒸煮槽等。

三、制作方法

1. 腌制液的配制　配制方法见表1-9-1。

表1-9-1　西式火腿腌制液的配制（以10kg肉计）

名　称	质量/g	名　称	质量/g	名　称	质量/g
精盐	500	水	5 000	亚硝酸钠	3
味精	50	糖	330	白胡椒粉	10
复合磷酸盐	30	生姜粉	5	肉蔻粉	5

将水加热至100℃，把辅料置于开水溶解，拌匀过滤，冷却至2～3℃备用。

2. 工艺流程

原料肉的选择→肉的软化→腌制→滚揉→装模→煮制→冷却

3. 操作要点

(1) 原料肉的选择　选择新鲜、脂肪少、瘦肉多的优质肉，剔除筋膜、腱、骨，切成条状或块状，洗净冷却待用。

(2) 肉的软化　此过程实际是用机械的方法对肉进行穿刺或切断，破坏筋膜和结缔组织，以便制成质地均匀的火腿。常用的软化机有滚刀型和多针型。

(3) 腌制　目的是改善风味颜色，提高产品的保存性。为了加快腌制速度，通常采用盐水注射法，一般注射量为肉块总质量的20%～45%。腌制条件为温度5～10℃，时间16～24h。

(4) 滚揉　即为腌制过程，通过一种机械处理，使得肉之间的黏合强度和内聚力提高。滚揉总次数为2 000～6 000次，环境温度为4～6℃。此外，采用真空滚揉，还能防止氧化，消除成品中的气泡，从而提高产品质量。

(5) 装模　大多是手工装模。其包装形式通常有3种：金属罐头包装、模制型料包装、人造肠衣包装。其中模制型料包装是用铝或不锈钢材料制成，通常用弹簧对内施加压力，使其质地紧实。

(6) 煮制　连同火腿模一起置于热水槽中加热，使火腿中心温度达68～72℃，加热时间一般决定于煮制温度和产品单重，根据通常经验，一般为1h/kg。

(7) 冷却　分两个阶段，先采用冷水冷却，当温度降到38～40℃时送入0℃冷库中，保持12～15h，即可开模。

四、感官评定

感官评定指标见表1-9-2。

表1-9-2　西式火腿的感官评定指标（GB 13101—91）

项　目	指　标
外　观	外表光洁，无黏膜，无污垢，不破损
色　泽	呈粉红色或玫瑰红色，色泽均匀一致
组织状态	组织致密，有弹性，无汁液流出，无异物
滋味和气味	咸淡适中，无异味，无酸败味

实验十　调制肉制品的制作

一、实验目的

通过本实验，以牛肉丸的制作为例，熟悉调制肉制品的原料和辅料要求，掌握所需制作设备的使用方法、工艺流程和特点，进一步巩固课堂的知识。

二、材料与用具

1. 材料　牛肉、辅料等。

2. 用具　绞肉机、斩拌机、肉丸机、煮制锅等。

三、制作方法

1. 原料选择　选用新鲜的牛前、后腿瘦肉 50kg，将筋腱、骨头剔除，用清水洗净、沥干。

2. 预处理　将牛肉切成 0.5kg 左右的肉块。原料预处理后放在 0～4℃的环境中备用。

3. 配料　冰屑 18kg、脂肪 6.25kg、淀粉 3kg、食盐 1.5kg、大豆分离蛋白 1.5kg、白糖 625g、味精 150g、焦磷酸盐 150g、白胡椒粉 75g、生姜粉 250g、亚硝酸钠 6.25g。

4. 操作要点

（1）绞肉、斩拌　将肉绞碎，放入斩拌机。按配方加入食盐、亚硝酸钠和焦磷酸盐，斩拌 2min，再加入脂肪斩拌 2min，最后加入其他配料再斩拌 2min。斩拌期间加入碎冰，保持斩拌时肉馅温度不超过 16℃。

（2）成型和煮制　把斩拌好的肉馅放入肉丸机，调整肉丸大小，成型后落入 90～100℃热水中，煮制 15～20min。成型后的肉丸可以直接作为产品出售，也可以煮制后销售。

（3）速冻和包装　熟制后的肉丸冷却至室温，然后在－30～－40℃下速冻 20～30min，取出装袋封口，在－18℃下冻藏。

第二部分　乳制品制作

实验一　生乳的品质检验

一、实验目的

本实验要求掌握生乳验收的常规检测手段，能独立评定生乳的品质。掌握测定酒精稳定性和酸度的原理和方法，了解测定酒精稳定性和酸度的实际意义。

二、实验项目

(一) 乳的感官检验

1. 检验方法　取适量试样置于50mL烧杯中，在自然光下观察色泽和组织状态。闻其气味，用温开水漱口，品尝滋味。

2. 检验指标及标准　正常牛乳色泽为乳白色或微黄色，具有乳固有的香味，无异味，组织状态呈均匀一致液体，无凝块和沉淀，无正常视力可见异物。

(二) 酒精试验

1. 实验原理　乳中蛋白质形成稳定的胶体溶液，当pH达到等电点时，发生絮凝。酒精是亲水性较强的物质，它可使蛋白质胶粒脱水，造成凝聚。因此，pH越接近等电点，酒精浓度越高，蛋白质越容易沉淀。用一定浓度酒精和等量牛乳混合，根据蛋白质的凝聚判断牛乳的酸度。尽管酒精浓度与牛乳酸度不是线性关系，但由于方法简便、迅速，它仍被广泛采用。

2. 仪器与试剂　1mL试管或2mL吸管、68%酒精溶液（用酚酞检验，使其为中性）。

3. 操作方法　①加1mL或2mL配好的中性酒精于试管中，加入等量牛乳。②转动试管，充分混匀，观察有无絮状沉淀（对半酒精试验）。③如果没有沉淀，加双倍酒精再试（双倍酒精试验）。

4. 说明　如果在对半酒精试验中不出现絮片表示牛乳酸度在20°T（吉尔涅尔度）以下；如果在双倍酒精试验中不出现絮片，则牛乳酸度在17°T以下。

14～18°T为特鲜，18～20°T为鲜，22～24°T为微酸，24～28°T为酸性，超过28°T为过酸性。

（三）煮沸试验

1. 实验原理　牛乳的新鲜度越差，酸度越高，热稳定性越差，加热时越易发生凝固。根据乳中蛋白质在不同温度时凝固的特征，可判断乳的新鲜度。一般此法不常用，仅在生产前乳酸度较高时，作为补充试验用，以确定乳能否使用，以免杀菌时凝固。

2. 仪器与样品　20mL试管3支、5mL刻度吸管3支、酒精灯、水浴锅、不同新鲜度的牛乳样2～3个。

3. 操作方法　取5mL乳样于清洁试管中，在酒精灯上加热煮沸1min，或在沸水浴中保持5min，然后进行观察。如果产生絮片或发生凝固，则表示乳已经不新鲜，酸度在20°T以上或混有初乳。牛乳的酸度与凝固温度的关系如表2-1-1所示。

表2-1-1　牛乳的酸度与凝固温度的关系

酸度/°T	凝固的条件	酸度/°T	凝固的条件
18	煮沸时不凝固	40	加热至65℃时凝固
22	煮沸时不凝固	50	加热至40℃时凝固
26	煮沸时能凝固	60	22℃时自行凝固
30	加热至77℃时凝固	65	16℃时自行凝固

（四）生乳相对密度的测定

1. 实验原理　相对密度是物质的重要物理常数之一。液体食品的相对密度可以反映食品的浓度和纯度。在正常情况下各种食品都有一定的相对密度范围。当液体食品中出现掺假、脱脂、浓度改变等变化时，均可出现相对密度的变化。因此，测定相对密度可初步判断液体食品质量是否正常及其纯净程度。乳的相对密度系指乳在20℃一定体积的质量与4℃同体积水的质量之比。乳的比重系指乳在15℃一定体积的质量与同温同体积水的质量之比。牛乳相对密度用乳稠计测定，乳稠计有20℃/4℃（密度计）和15℃/15℃（比重计）两种。因为测定的温度不同，乳的相对密度较比重小0.002。在乳品工业中可用此数来进行乳比重和相对密度的换算，如乳的相对密度为1.030时，其比重即为1.032（1.030+0.002）。

2. 仪器 乳稠计（密度计或比重计）、温度表、100～200mL量筒、200～300mL烧杯。

3. 操作方法 ①取混匀并调节温度为10～25℃的乳样，小心地沿着量筒壁注入量筒中，勿使其产生泡沫而影响读数，加至量筒容积的3/4处。②将乳稠计小心地放入乳样中，使其沉到1.030刻度处，然后放手使其在乳中自由浮动（注意防止乳稠计与量筒壁接触），静置2～3min后，眼睛平视生乳液面的高度，读取数值。③用温度计测定乳温。④测定值的校正（乳的密度随温度升高而减小，随温度降低而增大）。

根据牛乳温度和乳稠计的读数，查牛乳温度换算表，将乳稠计读数换算成20℃/15℃时的读数。温度每升高或降低1℃，乳的相对密度在乳稠计刻度上减少或增加0.000 2（即0.2℃）。

如乳温16℃，密度计读数为1.034，求乳的相对密度和比重。

相对密度＝1.034－[0.000 2×（20－18）]＝1.033 6

比重＝1.033 6＋0.002＝1.035 6

（五）刃天青（利色唑林）试验

1. 实验原理 刃天青为氧化还原反应的指示剂，加入到正常乳中时呈青蓝色。如果乳中有细菌活动时能使刃天青还原，发生如下色变：青蓝色→紫色→红色→白色。故可根据变到一定颜色所需时间推断乳中细菌数，进而判定乳的质量。

2. 仪器与试剂 20mL灭菌有塞刻度试管2支、1mL及10mL灭菌吸管各1支、恒温水浴锅1台（调到37℃）、100℃温度计1支。

刃天青基础液：取100mL分析纯刃天青于烧杯中，用少量煮沸过的蒸馏水溶解后移入200mL容量瓶中，加水至标线，贮于冰箱中备用。此液含刃天青0.05%。

刃天青工作液：以1份基础液加10份经煮沸后的蒸馏水混合均匀即可，贮于茶色瓶中避光保存。

乳样：不同新鲜度的乳样2～3个。

3. 操作方法 ①吸取10mL乳样于刻度试管中，加刃天青工作液1mL，混匀，用灭菌胶塞塞好，但不要塞严。②将试管置于37℃±0.5℃的恒温水浴锅中水浴加热。当试管内混合物加热到37℃时（用只加乳的对照试管测温），将管口塞紧，开始计时，慢慢转动试管（不振荡），使受热均匀，于20min时第一次观察试管内容物的颜色变化，记录；水浴到 60min 时进行第二次观察，记录结果。③根据两次观察结果，按表 2-1-2 项目判定乳的等级质量。

表 2-1-2　乳的等级

级别	乳的质量	乳的颜色		每毫升乳中的细菌数/个（60min）
		经过 20min	经过 60min	
1	良好	—	青蓝色	100 万以下
2	合格	青蓝色	蓝紫色	100 万～200 万
3	不好	蓝紫色	粉红色	200 万以上
4	很坏	白色	—	—

（六）抗生素测定——TTC 法

1. 实验原理　通过 TTC 实验判定乳中是否残留抗生素。如果乳中有抗生素存在，则向试样中加入菌种培养时菌种不增殖。此时，由于作为指示剂加入的 4%TTC（2，3，5-氯化三苯基四氮唑）不还原，所以仍呈无色状态；相反，如果没有抗生素的存在，则加入的实验菌发生增殖，TTC 指示剂被还原而呈红色，试样也变为红色。

2. 仪器与试剂　恒温水浴槽、恒温培养箱、1mL 灭菌试管 2 支、灭菌的 10mL 具塞刻度试管或灭菌带棉塞的普通试管 3 支。

实验菌液：将嗜热乳酸链球菌（*Streptococcus thermophilus*）接种于灭菌脱脂乳培养基中，置 36℃±1℃水浴锅中恒温 15h，然后再用灭菌的脱脂乳以 1∶1 比例稀释备用。

TTC 试剂：将 1gTTC 溶于 25mL 灭菌蒸馏水中，置于棕色瓶中在冷暗处保存，最好现用现配。

3. 操作方法　①吸取 9mL 乳样放入试管甲中，另取两支试管乙、丙注入 9mL 不含抗生素的灭菌脱脂乳作为对照。②将试管甲置于 90℃恒温水浴中 5min，灭菌后冷却至 37℃。③向试管甲和试管乙中各加入实验菌稀释液 1mL，充分混合，然后将甲、乙、丙三支试管置于 37℃恒温水浴中 2h，注意水面不要高于试管的液面，并要避光。④取出试管，并向 3 个试管中各加 0.3mL 的 TTC 试剂，混合后置于恒温箱中 37℃培养大约 30min，观察试管中的颜色变化。

4. 结果的判定　加入 TTC 指示剂并于水浴中恒温 30min 后，如乳样呈红色反应，说明无抗生素残留，即报告结果为阴性；如乳样不显色，再继续恒温 30min 做第二次观察，如仍不显色，则说明有抗生素残留，即报告结果为阳性，反之则为阴性。显色状态判断标准见表 2-1-3。

表 2-1-3　显色状态判断标准

显色状态	判断
未显色者	阳性
微红色者	可疑
桃红色→红色	阴性

（七）抗生素测定——滤纸圆片法

1. 仪器与试剂　灭菌镊子、灭菌蒸馏水、菌种保存培养基（酵母浸汁 2g，肉汁 1g，蛋白 5g，琼脂 15g，蒸馏水 1 000mL）、增菌培养基（酵母浸汁 1g，胰蛋白胨 2g，葡萄糖 0.05g，蒸馏水 100mL，pH 8.0±0.1，120℃、20min 灭菌）、试验用菌（将 *Bacillus calicolactis* C93 菌种用增菌培养基 55℃±1℃ 培养16～18h，琼脂平板培养基在 55℃加热溶解，将增菌培养基和琼脂平板培养基按1∶5 比例混合，然后倾入预先加热至 55℃的平板中，厚度为 0.8～1.0mm，供当日使用；如装入塑料袋中冷冻保存，可供数日使用）、滤纸圆片（直径为 12～13mm 和 8～10mm）。

2. 操作方法　用灭菌镊子夹住滤纸圆片浸入乳样中（事先要混合均匀），去掉多余的乳，放在平板上，用镊子轻轻按实，然后将平板倒置于 55℃恒温培养箱中，培养 2.5～5h，取出观察滤纸圆片周围有无抑菌环出现。有抑菌环证明有抗生素存在，如定量可用配制不同浓度的抗生素标准液的抑菌环大小作比较。抑菌环测量时，包括滤纸圆片直径在内。本法对青霉素检出浓度为 0.025～0.05IU/mL。

实验二　乳成分的测定

一、实验目的

掌握乳中脂肪、乳糖测定的基本操作方法和原理。

二、实验原理

牛乳中含有 87.4%的水和 12.6%的牛乳固形物（总干物质），后者的组成包括3.9%的脂肪、3.2%的蛋白质、4.6%的乳糖和0.9%的其他固体（矿物质、维生素等）。非水成分以不同的物理状态存在于牛乳中：溶解的（乳糖）、胶状分散的（蛋白质）和乳化的（脂肪）。

三、实验方法

（一）脂肪含量的测定

1. 巴布科克法

（1）实验原理　牛乳与浓硫酸按一定的比例混合之后，使蛋白质溶解，并使脂肪球不能维持分散的乳胶状态。由于硫酸作用产生的热量，促使脂肪上升到液体表面，经离心之后，则脂肪集中在巴氏乳脂瓶瓶颈处，直接读取脂肪层高度即为脂肪的含量。

（2）仪器与试剂　巴氏离心机、巴氏乳脂瓶、17.6mL牛乳吸管、硫酸（相对密度1.825，分析纯）。

（3）操作方法　吸取20℃牛乳17.6mL，注入巴氏乳脂瓶中，加等量硫酸，小心导入乳脂瓶中，硫酸倒入乳脂瓶中，硫酸流入牛乳下面形成一层，摇动乳脂瓶使牛乳与硫酸混合，即成棕黑色，继续摇动2～3min，将乳脂瓶放入离心机中，以1 000r/min离心5min，取出后向瓶中加60℃热水至分离的脂肪层在瓶颈部刻度处，再用同样的转速旋转2min，取出置55～60℃水浴保温5min，取出，立即读数。读数时要将乳脂肪柱下弯月面放在与眼同一水平面上，以弯月面下限为准。所得数值即为脂肪的百分数。

2. 盖勃法

（1）实验原理　硫酸破坏乳的胶质性，使乳中的酪蛋白钙盐形成可溶性的重硫酸酪蛋白化合物，减少脂肪球的附着力，同时还可以增加液体的相对密度，使脂肪更容易浮出；异戊醇促使脂肪从蛋白质中游离出来，并能强烈地降低脂肪球的表面张力，促使其结合成脂肪团；60～65℃水浴加热和离心，使脂肪完全而又迅速地分离。

（2）仪器与试剂　盖勃离心机、乳脂计、11mL牛乳吸管、恒温水浴锅、硫酸（相对密度1.825，分析纯）、异戊醇（沸点128～132℃，相对密度0.809 0～0.811 5）等。

（3）操作方法　量取硫酸10mL，注入牛乳乳脂计内，颈口勿沾湿硫酸，用11mL吸管吸牛乳样品至刻度，加入同一牛乳乳脂计内，再加入异戊醇1mL，塞紧橡皮塞，充分摇动，使牛乳凝块溶解。将乳脂计放入65～70℃的水浴中保温 5min，转入或转出橡皮塞使脂肪柱适合乳脂计刻度部分，然后置离心机以 1 000r/min 离心 5min，再放入 65～70℃的水浴中保温 5min，取出立即读数，读数时要将乳脂肪柱下弯月面放在与眼同一水平面上，以弯月面下限为准。所得数值即为脂肪的百分数。

3. 罗兹-哥特里法

（1）实验原理　利用氨-乙醇溶液，破坏乳的胶体性状及脂肪球膜，使非脂成分溶解于氨-乙醇溶液中而脂肪游离出来，再用乙醚-石油醚提取出脂肪，蒸馏去除溶剂后，残留物即为乳脂。

（2）仪器与试剂　抽脂瓶（内径 2.0～2.5cm，容积 100mL）、氨水、乙醇、乙醚、石油醚（沸点范围 30～60℃）。

（3）操作方法　吸取 10mL 样品移入抽脂瓶中，加入 1.25mL 氨水，充分混匀，置于 60℃水浴中加热 5min，再振摇 2min，加入 10mL95%乙醇，充分混匀，于冷水中冷却后，加入 25mL 乙醚，振摇 0.5min，加入 25mL 石油醚，再振摇 0.5min，静置 30min，待上层液澄清时，读取醚层体积。放出醚层至一已恒重的烧瓶中，记录体积，蒸馏回收乙醚，置烧瓶于 98～100℃干燥 1h 后称重，再置 98～100℃干燥 0.5h 后称重，至前后两次质量相差不超过 1.0mg。

（4）计算　按下式计算牛乳中脂肪的含量：

$$X = \frac{M_1 - M_0}{M_2 \times \frac{V_1}{V_0}} \times 100$$

式中　X——样品中脂肪的含量（g/100g）；

M_1——烧瓶加脂肪质量（g）；

M_0——烧瓶质量（g）；

M_2——样品质量（吸取体积乘以牛乳的密度）（g）；

V_0——读取乙醚层总体积（mL）；

V_1——放出乙醚层体积（mL）。

（二）乳糖含量的测定

1. 莱因-埃农氏法

（1）实验原理　乳糖分子中的醛基具有还原性，乳糖与费林氏液反应后被氧化，且将其中的二价铜还原成氧化亚铜。所以，样品经除去蛋白质后，在加热条件下，以亚甲基蓝为指示剂，直接滴定已标定过的费林氏液，根据样液消耗的体积，计算乳糖含量。

（2）仪器与试剂

①仪器：250mL 容量瓶、50mL 滴定管、250mL 三角瓶、电炉。

②试剂：

a. 乙酸铅溶液（200 g/L）：称取 200g 乙酸铅，溶于水并稀释至 1 000mL。

b. 草酸钾-磷酸氢二钠溶液：称取草酸钾 30g，磷酸氢二钠 70g，溶于水并稀释至 1 000mL。

c. 盐酸（1+1）：1 体积盐酸与 1 体积水混合。

d. 氢氧化钠溶液（300g/L）：称取 300g 氢氧化钠，溶于水并稀释至 1 000mL。

e. 费林氏液甲液：称取 34.639g 硫酸铜溶于水中，加入 0.5mL 浓硫酸，加水至 500mL。

f. 费林氏液乙液：称取 173g 酒石酸钾钠及 50g 氢氧化钠溶解于水中，稀释至 500mL，静置 2d 后过滤。

g. 亚甲基蓝溶液（10 g/L）：称取 1g 亚甲基蓝于 100mL 水中。

（3）测定方法

①费林氏液的乳糖校正：

a. 称取预先在 94℃±2℃烘箱中干燥 2h 的乳糖标样约 0.75g（精确到 0.1mg），用水溶解并定容至 250mL。将此乳糖溶液注入一个 50mL 滴定管中，待滴定。

b. 预滴定：吸取 10mL 费林氏液（甲液、乙液各 5mL）于 250mL 三角瓶中。加入 20mL 蒸馏水，放入几粒玻璃珠，从滴定管中放出 15mL 样液于三角瓶中，置于电炉上加热，使其在 2min 内沸腾，保持沸腾状态 15s，加入 3 滴亚甲基蓝溶液，继续滴定至溶液蓝色完全退尽为止，读取所用样液的体积。

c. 精确滴定：另取 10mL 费林氏液（甲液、乙液各 5mL）于 250mL 三角瓶中，再加入 20mL 蒸馏水，放入几粒玻璃珠，加入比预滴定量少 0.5～1.0mL 的样液，置于电炉上，使其在 2min 内沸腾，维持沸腾状态 2min，加入 3 滴亚甲基蓝溶液，以每 2s 一滴的速度徐徐滴入，溶液蓝色完全退尽即为终点，记录消耗的体积。

按下式计算费林氏液的乳糖校正值（f_1）：

$$A_1 = \frac{V_1 \times m_1 \times 1\,000}{250} = 4 \times V_1 \times m_1$$

$$f_1 = \frac{4 \times V_1 \times m_1}{AL_1}$$

式中 A_1——实测乳糖数（mg）；

V_1——滴定时消耗乳糖溶液的体积（mL）；

m_1——称取乳糖的质量（g）；

f_1——费林氏液的乳糖校正值；

AL_1——由乳糖溶液滴定消耗体积（mL）查表 2-2-1 所得的乳糖质量（mg）。

表 2-2-1　乳糖及转化糖因数表（10mL 费林氏液）

滴定量/mL	乳糖/mg	转化糖/mg	滴定量/mL	乳糖/mg	转化糖/mg
15	68.3	50.5	33	67.8	51.7
16	68.2	50.6	34	67.9	51.7
17	68.2	50.7	35	67.9	51.8
18	68.1	50.8	36	67.9	51.8
19	68.1	50.8	37	67.9	51.9
20	68.0	50.9	38	67.9	51.9
21	68.0	51.0	39	67.9	52.0
22	68.0	51.0	40	67.9	52.0
23	67.9	51.1	41	68.0	52.1
24	67.9	51.2	42	68.0	52.1
25	67.9	51.2	43	68.0	52.2
26	67.9	51.3	44	68.0	52.2
27	67.8	51.4	45	68.1	52.3
28	67.8	51.4	46	68.1	52.3
29	67.8	51.5	47	68.2	52.4
30	67.8	51.5	48	68.2	52.4
31	67.8	51.6	49	68.2	52.5
32	67.8	51.6	50	68.3	52.5

②乳糖的测定：

a. 试样处理：称取 2.5～3.0g 样品（精确到 0.1mg），用 100mL 水分数次溶解并洗入 250mL 容量瓶中。徐徐加入 4mL 乙酸铅溶液、4mL 草酸钾-磷酸氢二钠溶液，并振荡容量瓶，用水稀释至刻度。静置数分钟，用干燥滤纸过滤，弃去最初 25mL 滤液后，所得滤液做滴定用。

b. 滴定：

预滴定：吸取10mL费林氏液（甲液、乙液各5mL）于250mL三角瓶中。加入20mL蒸馏水，放入几粒玻璃珠，先从滴定管中放出15mL样液于三角瓶中，然后将三角瓶置于电炉上加热，使其在2min内沸腾，保持沸腾状态15s，加入3滴亚甲基蓝指示剂，继续滴入至溶液蓝色完全退尽为止，读取所用样液的体积。

精确滴定：另取10mL费林氏液（甲液、乙液各5mL）于250mL三角瓶中，再加入20mL蒸馏水，放入几粒玻璃珠，加入比预滴定量少0.5～1.0mL的样液，置于电炉上，使其在2min内沸腾，维持沸腾状态2min，加入3滴亚甲基蓝指示剂，以每2s一滴的速度徐徐滴入，溶液蓝色完全退尽即为终点，记录消耗样液的体积。

③分析结果的表述：样品中乳糖的含量按下式计算：

$$X=\frac{F_1\times f_1\times 0.25\times 100}{V_1\times m}$$

式中　X——试样中乳糖的质量分数（g/100g）；

F_1——由消耗样液的体积（mL）查表2-2-1所得乳糖质量（mg）；

f_1——费林氏液乳糖校正值；

V_1——滴定消耗样液量（mL）；

m——试样的质量（g）。

结果以重复性条件下获得的两次独立测定结果的算术平均值表示，结果保留3位有效数字。

2. 比色法

（1）实验原理　牛乳或乳粉中的乳糖在苯酚、氢氧化钠、苦味酸和亚硫酸氢钠的作用下，生成橘红色的络合物，在波长520nm处有最大的吸收，用标准乳糖含量可计算出样液中的乳糖含量。

（2）仪器与试剂

①仪器：分光光度计、离心机。

②试剂：

a. 沉淀剂：4.5%氢氧化钡溶液、5%硫酸锌溶液。

b. 显色剂：1%苯酚溶液、5%氢氧化钠溶液、1%苦味酸溶液、1%亚硫酸氢钠溶液，按次序以1∶2∶2∶1（体积比）配成，保存于棕色瓶中，有效期2d。

c. 乳糖标准溶液：称取含有结晶水的乳糖（$C_{12}H_{22}O_{11}\cdot H_2O$）1.052g或

经100℃烘干至恒重的乳糖1g，经水解后移入1 000mL容量瓶中，并用水稀释至刻度，此溶液每毫升含1mg乳糖。

(3) 操作方法

①样品处理：准确吸取2.0mL牛乳或1.0g乳粉，用水溶解后移入100mL容量瓶中，用水稀释至刻度，摇匀。吸取2.5mL样品稀释液，移入离心管中，添加5%硫酸锌溶液2mL和4.5%氢氧化钡溶液0.5mL，用小玻璃棒轻轻搅拌后，于2 000r/min离心2min，上层澄清液为样品测定溶液。

②标准曲线绘制：准确吸取每毫升相当于1mg乳糖的标准溶液0、0.2、0.4、0.6、0.8和1.0mL，分别移入25mL比色管中，加入2.5mL显色剂，用塑料塞或橡皮塞塞紧后，在沸水中准确加热6min，取出，立即在冷水中冷却，加水稀释至刻度，于520nm测定吸光度，绘制标准曲线或得出回归方程。

③样品分析：准确吸取1.0mL经离心澄清后的样品溶液或0.5mL经离心澄清后的乳粉溶液，移入25mL比色管中，加入2.5mL显色剂，以下操作按标准曲线绘制的步骤进行，测定样液的吸光度，由标准曲线或回归方程计算乳糖的含量。

(4) 结果计算　按下式计算样品中乳糖含量：

$$X=\frac{M_1}{M_2}\times 100\%$$

式中　X——样品乳糖含量，%；

M_1——测定用样液中乳糖的质量（mg）；

M_2——测定用样液相当于样品的质量（mg）。

实验三　乳的均质处理以及均质效果测定

一、实验目的

掌握均质操作的基本方法、实验原理，了解均质效果的测定方法。

二、实验原理

乳的均质是指在机械作用（16.7～20.6MPa）下将乳中大的脂肪球破碎成小的脂肪球，并均匀一致地分散在乳中。均质可防止脂肪球上浮。

三、操作方法

1. 均质　乳品生产中多数采用高压均质机，主要设备包括：产生高压推动力的活塞泵、一个或多个均质阀及底座等辅助设备。在相同的均质压力下，不同类型的均质阀所产生的均质效果不同。在实际生产中一般有一级均质和二级均质，二级均质会产生更好的效果。在二级均质中第一级均质使用较高的压力（16.7～20.6MPa），目的是破碎脂肪球；第二级均质使用较低的压力（3.4～4.9MPa），目的是分散已破碎的小脂肪球，防止脂肪球粘连。均质前需要进行预热，达到60～65℃。

2. 均质效果测定

（1）显微镜观察法　将充分混合的乳样用放大1 000倍的显微镜观察，用目镜测量计算超过一定直径的脂肪球数目，至少计算10个视野。允许的最大直径取决于工艺要求，一般约85％的脂肪球直径应小于2μm。该方法简便，但只能通过观察到的脂肪球大小从定性上考察均质效果，并不能从定量上进行分析。

（2）均质指数法　把均质乳样置于细长容器中，在4～6℃下静置48h，然后分别测定上层（容器上部1/10）和下层（容器下部9/10）中的含脂率，以下式计算均质指数：

$$均质指数=\frac{上层含脂率（\%）-下层含脂率（\%）}{上层含脂率（\%）}\times 100$$

均质乳的均质指数应为1～10。该方法可以定量测出均质效果。

（3）均质度法　用均质度法专用吸管吸取经充分混合的乳样至上部刻度，用橡皮塞塞住底部，用盖勃法测脂离心机在室温离心0.5h，用手指封住吸管顶部，取出橡皮塞，将乳样小心地放出至吸管下部刻度，测定放出乳样的含脂率，利用该乳样原来的含脂率数据，以下式计算均质度：

$$均质度=\frac{离心样品的含脂率（\%）}{乳样原来的含脂率（\%）}\times 100\%$$

均质良好的超高温灭菌牛乳的均质度在96％左右，一般牛乳的均质度为92％～96％。

（4）粒径分布分析法　采用激光粒径分析仪测定均质效果，当激光束通过样品时，其光的散射取决于脂肪球的大小和数量，然后将结果转化成脂肪球分布图。与均质前相比，均质乳样的粒径变小。

实验四　巴氏杀菌乳的制作及杀菌效果评价

一、实验目的

本实验要求掌握巴氏杀菌乳的制作原理与工艺操作方法，巴氏杀菌的作用及效果评价方法。

二、实验原理

巴氏杀菌效果评价采用碱性磷酸酶试验进行，其原理是生牛乳中含有的磷酸酶能分解有机磷酸化合物成为磷酸及原来与磷酸相结合的有机单体。经巴氏杀菌后，牛乳中的磷酸酶失活。利用苯基磷酸双钠在碱性缓冲溶液中被磷酸酶分解产生苯酚，苯酚再与2，6-双溴醌氯酰胺起作用显蓝色，蓝色深浅与苯酚含量成正比，即与杀菌完全与否成反比。

三、材料与设备

1. 材料与试剂　原料乳、中性丁醇、吉勃氏酚试剂（称取0.04g 2，6-双溴醌氯酰胺溶于10mL乙醇中，置棕色瓶中于冰箱内保存，临用时配制）、硼酸盐缓冲溶液（称28.472g硼酸钠溶于900mL水中，加3.27g氢氧化钠，加水稀释至1 000mL）、缓冲基质溶液（称取0.05g苯基磷酸双钠结晶，溶于10mL磷酸盐缓冲溶液中，加水稀释至100mL，临用时配制）。

2. 设备　净乳机、配料缸、平衡槽、板式换热器或水浴锅、高压灭菌锅、分离机、均质机、灌装机、电炉等。

四、实验内容

1. 工艺流程

原料乳验收→过滤净化、标准化→预热→均质→巴氏杀菌→冷却→灌装→冷贮

2. 操作要点

（1）过滤净化、标准化　称量经检验合格的乳，用净乳机过滤净化，将乳加热至35～40℃后用分离机进行乳脂分离并标准化。

（2）预热、均质　预热至60～65℃为宜，均质压力为10～20MPa，一般分两段进行。均质是巴氏杀菌乳生产中的重要工艺，通过均质可减小脂肪球直径，不但可以防止脂肪上浮，还利于牛乳中营养成分的吸收。

（3）巴氏杀菌　这是关键工序，巴氏杀菌的温度和持续时间是影响产品质量和保存期的重要因素。一般采用加热的方法来杀菌，加热杀菌形式很多，可用低温长时巴氏杀菌（LTLT法）或高温短时巴氏杀菌（HTST法）。一般牛乳高温短时巴氏杀菌的温度通常为75℃，持续15～20s；或80～85℃持续10～15s。如果巴氏杀菌太强烈，则产品有蒸煮和焦煳味，稀奶油也会产生结块或聚合。

（4）冷却、灌装　巴氏杀菌虽然可以杀死绝大部分微生物，但是在以后各项操作中仍有被污染的可能。为了抑制牛乳中细菌的增殖，延长产品保存期，仍需及时进行冷却，通常将牛乳冷却至4～6℃后灌装。

3. 巴氏杀菌效果评价（碱性磷酸酶试验）　吸取0.50mL样品，置于带塞试管中，加5mL缓冲基质溶液，稍振摇后置36～44℃水浴或孵化箱中10min，然后加6滴吉勃氏酚试剂，立即摇匀，静置5min，有蓝色出现表示巴氏杀菌处理强度不够。为增加灵敏度，可加2mL中性丁醇，反复完全倒转试管，每次倒转后稍停使气泡破裂，分解丁醇，然后观察结果，并同时做空白对照试验。

4. 产品评价

（1）感官评价　取适量试样置于50mL烧杯中，在自然光下观察色泽和组织状态。闻其气味，用温开水漱口，品尝滋味。产品应该呈均匀一致的乳白色或微黄色；具有牛乳固有的滋味和气味，无异味；呈均匀一致液体，无凝块，无沉淀，无正常视力可见异物。

（2）理化指标及其他　成品脂肪含量≥3.1 g/100g（全脂巴氏杀菌乳），按照GB 5413.3—2010方法进行检验；蛋白质含量≥2.9 g/100g（牛乳）或2.8 g/100g（羊乳），按照GB 5009.5—2010方法进行检验；非脂乳固体含量≥8.1 g/100g，按照GB 5413.39—2010方法进行检验；酸度12～18°T（牛乳）或6～13°T（羊乳），按照GB 5413.34—2010方法进行检验；微生物指标应该符合GB 19645—2010的规定。

实验五　酸乳的制作

一、实验目的

掌握酸乳的制作方法和基本原理，了解影响酸乳发酵的因素，学会凝固型酸乳和搅拌型酸乳制作的基本操作，掌握操作要点。

二、实验原理

酸乳是以生牛（羊）乳或乳粉为原料，经杀菌、发酵后制成的pH降低的产品。酸乳是由嗜热链球菌和保加利亚乳杆菌（德氏乳杆菌保加利亚亚种）共同发酵生产的。两者具有良好的相互促进生长的关系。在乳中德氏乳杆菌保加利亚亚种经代谢活动，分解乳蛋白质产生了肽类和氨基酸类物质，这类物质作为刺激因素促进了嗜热链球菌的生长；同样，嗜热链球菌的生长过程中产生的甲酸类化合物也促进了德氏乳杆菌保加利亚亚种的生长。两者共同作用于发酵乳中的乳糖产生乳酸，当乳pH达到酪蛋白的等电点时，酪蛋白胶束便凝聚形成特有的网络结构。

三、材料与设备

1. 材料　牛乳或乳粉、白砂糖、乳酸菌发酵剂、酸乳稳定剂等。

2. 设备　具盖不锈钢容器、恒温培养箱、pH计、碱式滴定管、搅拌器、均质机、塑料杯（或酸乳瓶）、封盖机、冷藏柜等。

四、制作方法

(一) 凝固型酸乳

1. 工艺流程

原料乳→净乳→标准化→配料（添加稳定剂、糖等）→预热（50～60℃）→均质（20～25MPa）→杀菌（90～95℃/5～10min）→冷却（43～45℃）→接种（2%～4%）→灌装到零售容器中→发酵（42～43℃，2.5～4h）→冷却→冷藏后熟

2. 操作要点

（1）原料乳的质量要求　原料乳质量要比一般乳制品原料乳的高，要选用符合质量要求的新鲜乳、脱脂乳或再制乳为原料，牛乳不得含有抗生素、噬菌体、CIP清洗剂残留物或杀菌剂。因此，乳品厂用于制作酸乳的乳原料要经过选择，并对原料进行认真的检验。

（2）标准化　根据FAO/WHO准则，牛乳的脂肪和干物质含量通常要标准化。基本的原则如下：酸乳的含脂率范围为0～10%，而0.5%～3.5%的含

脂率是最常见的。普通酸乳最小的含脂率3%；部分脱脂酸乳最大含脂率3%，最小含脂率0.5%；脱脂酸乳最大含脂率0.5%。干物质要求最小非脂乳固体含量为8.2%。总干物质的增加，尤其是蛋白质和乳清蛋白比例的增加，将使酸乳凝固得更加结实，乳清也不容易析出。

（3）配料　国内生产的酸乳一般都要加糖，加糖一般为4%～7%。加糖的方法是先将用于溶糖的原料乳加热到50℃，再加入砂糖，待完全溶解后，经过滤除去杂质，再加入到标准化的乳罐中，生产凝固型酸乳一般不添加稳定剂，但是如果原料乳质量不好，可以考虑适当添加。

（4）均质　均质的主要目的是为了阻止奶油上浮，并保证乳脂肪均匀分布。即使脂肪含量低，均质也能改善酸乳的稳定性和稠度。一般均质压力和温度应为20～25MPa和65～75℃。

（5）杀菌及冷却　采用90～95℃、5min的杀菌条件效果最好，因为在这样的条件下乳清蛋白变性70%～80%，尤其是主要的乳清蛋白——β-乳球蛋白会与κ-酪蛋白相互作用，使酸乳成为一个稳定的凝固体。杀菌结束后，按接种的温度进行冷却并加入发酵剂。

（6）接种　接种前应将发酵剂充分搅拌，使凝乳完全破坏。接种是造成酸乳受微生物污染的主要环节之一，因此应严格注意操作卫生，防止霉菌、酵母菌、细菌噬菌体和其他有害的微生物的污染，特别是在不采用发酵剂自动接种设备的情况下更应如此；发酵剂加入后，要充分搅拌10min，使菌体与杀菌冷却后的牛乳完全混合。发酵剂的用量应该根据发酵剂的活力而定。一般生产发酵剂其产酸的活力在0.7%～1.0%，接种量应为2%～4%。

（7）灌装　接种后经充分搅拌的牛乳应立即连续地灌装到零售容器中。零售容器主要有玻璃瓶、塑料杯和纸盒。玻璃瓶的主要特点是能很好地保持酸乳的组织状态，容器没有有害的浸出物质。

（8）发酵　发酵温度一般在42～43℃，时间一般在2.5～4h。发酵终点的判断为滴定的酸度达到80°T以上，pH低于4.6，表面有少量的水痕。

（9）冷藏后熟　冷藏的温度一般在2～7℃，冷藏可促进香味物质的产生，改善酸乳的硬度。香味物质形成的高峰期一般是在酸乳终止发酵后第4小时，形成酸乳特征风味是多种风味物质相互平衡的结果，一般是在12～24h完成，这段时间是后熟期。因此，发酵凝固后，必须在4℃左右贮藏24h再出售，一般冷藏期为1个星期。

3. 凝固型酸乳的质量控制　凝固性是凝固型酸乳质量的一个重要指标。一般牛乳在接种乳酸菌后，在适宜的温度下发酵2.5～4.0h便会凝固，表面光滑，质地细腻。但是酸乳有时会出现凝固性差或者不凝固的现象，黏性很差，出现乳清分离。

(二) 搅拌型酸乳

1. 工艺流程

原料乳→净乳→标准化→配料（添加稳定剂、糖等）→预热（50～60℃）→均质（20～25MPa）→杀菌（90～95℃/5～10min）→冷却（43～45℃）→接种（2%～5%）→发酵（42～43℃，2.5～3h）→冷却（15～20℃）

↗破碎凝乳→灌装→冷却→后熟→纯酸乳

→果料混合→灌装→冷却→后熟→果料酸乳

↘调香→灌装→冷却→后熟→果味酸乳

2. 操作要点

（1）发酵　搅拌型酸乳生产中发酵通常是在专门的发酵罐中进行的。发酵罐带保温装置，并设有温度计和 pH 计。pH 计可控制罐中的酸度，当酸度达到一定值后，pH 计就传出信号。典型的搅拌型酸乳生产的培养时间为 2.5～3h，温度 42～43℃。

（2）果料混合、调香　酸乳和果料混合的方式有两种：一种是间隙生产法，在罐中将酸乳与杀菌的果料（或者果酱）混匀，此法用于生产规模较小的企业。另一种是连续混料法，用计量泵将杀菌的果料泵入在线混合器，连续地添加到酸乳中去，需混合得非常均匀。果料应该尽可能均匀一致，并可以加果胶作为增稠剂，果胶的添加量不能超过 0.15%，相当于在成品中含有 0.005%～0.05%的果胶。

（3）冷却破乳　冷却温度的高低根据需要而定。通常发酵后的凝乳先冷却至 15～20℃，然后混入香味剂或果料后灌装，再冷却至 10℃以下。冷却温度会影响灌装充填期间酸度的变化，当生产批量大时，充填所需要的时间长，应尽可能降低冷却的温度。

实验六　乳酸菌饮料的制作

一、实验目的

掌握乳酸菌饮料的制作原理，掌握乳酸菌饮料的制作工艺流程，熟悉工艺流程中的技术要点及操作要领。

二、实验原理

乳酸菌饮料因其所采用的原料及制作处理方法不同，一般分为酸乳型和果蔬型两大类。根据产品中是否存在活性乳酸菌（是否进行后杀菌），分为活菌型和杀菌型两大类。

酸乳型乳酸菌饮料是在酸乳的基础上将其破碎，配入白糖、香料、稳定剂等通过均质而制成的均匀一致的液态饮料。果蔬型乳酸菌饮料是在发酵乳中加入适量的浓缩果汁、蔬菜汁浆（如柑橘汁、草莓浆、苹果汁、椰汁、番茄浆、胡萝卜汁、玉米浆、南瓜汁等）或在原料中配入适量的果蔬汁共同发酵后，再通过加糖、稳定剂或香料等调配、均质后制作而成。

三、制作方法

1. 工艺流程

乳酸菌发酵剂
↓
新鲜或复原脱脂乳→验收→标准化→均质→杀菌→冷却→接种→发酵→冷却、破碎凝乳→混合调配→均质→（杀菌）→冷却→灌装→成品

2. 配方 表2-6-1和表2-6-2是常用的两种乳酸菌饮料的配方。

表2-6-1 酸乳型乳酸菌饮料配方

原料	比例/%	原料	比例/%
发酵脱脂乳	40.00	香料	0.05
蔗糖	14.00	色素	适量
稳定剂	0.35	水	45.60

表2-6-2 果蔬型乳酸菌饮料配方

原料	比例/%	原料	比例/%
发酵脱脂乳	5.00	维生素C	0.05
果汁	10.00	香料	适量
蔗糖	14.00	色素	适量
稳定剂	0.20（必要时）	水	70.50
柠檬酸	0.15		

3. 操作要点

(1) 原料乳的处理　将新鲜或复原脱脂乳标准化至非脂乳固体含量在9%～10%。在生产乳酸菌饮料时，应选用脱脂乳，而不采用全脂乳，主要是防止产品中脂肪的上浮以及贮藏和销售过程中的脂肪氧化。如果在原料乳中添加果蔬汁浆，最好混合后进行均质，让原料充分混合，有利于下一步发酵。

(2) 杀菌　为了促进乳酸菌的发酵，提高产品的贮藏性能，原料乳采用90～95℃、15～30min的杀菌条件，甚至更强的杀菌条件，然后冷却至37℃（发酵温度）。

(3) 发酵剂及接种量　生产活菌型乳酸菌饮料时，为了提高产品的保健作用，有时可加入嗜酸乳杆菌、双歧杆菌等保健作用较强的菌种。但在生产杀菌型乳酸菌饮料时，只需考虑其产酸能力以及风味即可。因此，在选用发酵剂菌种时，主要是采用酸乳发酵剂，或者单独采用保加利亚乳杆菌，有时也采用发酵温度较低的干酪乳杆菌。发酵剂的接种量通常为2%～3%。

(4) 发酵　发酵剂加入到原料乳中，经充分混匀后静置发酵，在35～37℃恒温培养至酸度1.5%～2.0%，一般需12～48h，活菌数应达到10^8个/mL。发酵完毕后应立即冷却到10℃以下。

(5) 糖、稳定剂及酸味剂的处理　作为辅助原料的糖、稳定剂、色素等都分别单独制备，需要杀菌处理者应分别进行。在混合调配时，首先将稳定剂用少量糖混合均匀后加热熔化成2%～3%的糖浆。将糖浆与发酵脱脂乳混合后加入稳定剂，然后添加其他物料。添加酸性溶液时其浓度尽可能低，且边加边强力搅拌，添加速度要缓慢均匀，添加时温度以20℃以下最佳，香精和色素最后加入。

①糖：一般选用蔗糖，也可采用果葡糖浆，用糖的种类在改变甜度之外要考虑与保持乳酸菌活菌数有关的渗透压来加以选择。蔗糖中一般都含有一定的杂质，不能直接添加，须溶解成糖浆经过滤后加入。

②稳定剂：稳定剂种类较多，通常使用的有羧甲基纤维素（CMC）、羧甲基纤维素钠（CMC-Na）等。使用量根据饮料中乳固形物含量、糖酸比例决定。一般情况下，稳定剂的使用总量≤1.0%。稳定剂较难溶解，通常将糖和稳定剂按（5∶1）～（10∶1）的比例干混后，按稳定剂量的2%～3%首先制成水溶液。由于稳定剂易凝结成块，增加溶解难度，通常是将糖和稳定剂均匀慢慢加入到水中，边加入边搅拌，直至完全溶解为止。

③酸味剂：改善饮料风味，还具有一定的抑菌作用，生产乳酸菌饮料加酸味剂时不能添加固体酸，防止酸分布不匀，应配成较低浓度的溶液缓慢加入，快速搅拌，使其pH急剧下降，快速通过酪蛋白的等电点，生产中常用的有机酸

有柠檬酸、乳酸、苹果酸等，有时也使用复合酸味剂，添加量为0.3%～0.5%。

④色素：焦糖色或β-胡萝卜素等都可以使用，采用何种色素要依最终产品中的香型而定，使味和色相互吻合。

⑤香精：柑橘系列的果汁香精或菠萝香精最为常用，亦可使用香蕉、核桃、木瓜、芒果香精等。

(6) 破碎凝乳、混合调配　发酵过程结束后要进行冷却和破碎凝乳，破碎凝乳的方式可以采用边破碎、边混入已杀菌的稳定剂、糖液等混合料。

(7) 均质　为了提高乳饮料的稳定性，必须进行均质，均质前应进行过滤，均质压力为10～15MPa，温度为53℃左右，必要时加水稀释。

(8) 杀菌　发酵调配后的杀菌目的是延长饮料的保存期。经合理杀菌、无菌灌装后的饮料，其保存期可达3～6个月。由于乳酸菌饮料属于高酸食品，故采用高温短时巴氏杀菌即可达到商业无菌，也可采用更高的杀菌条件，如95～108℃、30s或110℃、4s。活菌型乳酸菌饮料不需杀菌，直接采用无菌灌装即可。

实验七　乳粉的制作

一、实验目的

掌握牛乳真空浓缩与喷雾干燥技术的一般原理，熟悉牛乳真空浓缩与喷雾干燥技术的生产操作过程；掌握乳粉制作的一般工艺流程，熟悉操作要点。

二、实验原理

乳粉从广义上讲是指以生乳或乳粉为原料，添加或不添加食品添加剂和(或)食品营养强化剂等辅料，经脱脂或不脱脂、浓缩干燥或干混合而制成的粉末状产品。全脂乳粉是指仅以乳为原料，添加或不添加食品营养强化剂，经浓缩、干燥而制成的，蛋白质不低于非脂乳固体的34%，脂肪不低于26%的粉末状产品。乳粉制作中主要的操作步骤是真空浓缩和喷雾干燥。真空浓缩即在真空状态下，使水的沸点降低，从而使水在较低温度下即达沸点状态，产生的水蒸气从食品中逸出，从而达到浓缩食品的目的。喷雾干燥是指将浓缩的乳通过雾化器，使之分散成雾状的乳滴，在干燥室中与热风接触，浓缩乳表面的水分在 0.01～0.04s 内瞬间蒸发完毕，干燥成的粉粒落入干燥室的底部。水分以蒸汽的形式被热风带走，整个过程仅需 15～30s。

三、材料与设备

生牛乳、降膜真空蒸发器、离心净乳机、喷雾干燥塔等。

四、制作方法

1. 工艺流程

原料乳的验收→预处理→标准化及均质→杀菌→真空浓缩→喷雾干燥→冷却→包装

2. 操作要点

（1）原料乳的验收　原料乳的质量决定乳粉产品的质量，因此对原料乳要进行严格的验收检验。原料乳应符合 GB 19301—2010 的各项规定，经过严格的感官、理化及微生物检验合格后，才能够进入制作工序。

（2）预处理　原料乳验收后应及时进行过滤、净化、冷却和贮存等预处理。

（3）标准化及均质　经过离心净乳机的离心作用可以把乳中难以过滤去除的细小污物及芽孢分离，同时还能对乳中的脂肪进行标准化。一般将全脂乳粉中脂肪含量控制在 25%～30%，将全脂加糖乳粉中脂肪含量控制在 20%以上。生产全脂乳粉、全脂加糖乳粉及脱脂乳粉时，一般不必经过均质操作，但若乳粉的配料中加入了植物油或其他不易混匀的物料时，就需要进行均质。均质时的压力一般控制在 14～21MPa，温度控制在 60℃为宜。均质后脂肪球变小，从而有效地防止脂肪上浮，并易于消化吸收。

（4）杀菌　不同的产品可根据本身的特性选择合适的杀菌方法。乳粉制作过程中常采用高温短时杀菌法，即 80～85℃、10～15s，可使牛乳的营养成分损失较小，乳粉的理化特性较好。

（5）真空浓缩　原料乳经杀菌后应立即进行真空浓缩。牛乳经杀菌后，立即泵入多效降膜真空蒸发器中，除去大部分水分，使原料乳浓缩至原体积的 1/4，乳干物质达到 45%左右，浓缩后的乳温一般为 47～50℃。浓缩的控制一般以取样测定浓缩乳的密度或黏度来确定。不同产品浓缩程度不同：全脂乳粉浓缩乳浓度为 11.5～13 波美度，相应乳固体含量为 38%～42%；脱脂乳粉浓缩乳浓度为 20～22 波美度，相应乳固体含量为 35%～40%；浓缩除去70%～

80%的水分。

（6）喷雾干燥 干燥是为了除去液态乳中的水分，乳粉中的水分含量为2.5%～5.0%。乳粉喷雾干燥的操作步骤大致为进料、雾化物料和热空气接触、雾化物料的干燥、干燥好的乳粉与废气的分离。首先将过滤的空气由鼓风机吸入，通过空气加热器加热至150～200℃后，送入喷雾干燥室，同时浓缩乳由奶泵送至离心喷雾转盘，喷成雾滴与热空气充分接触，进行强烈的热交换，迅速地排出水分，在瞬间完成蒸发，获得干燥。颗粒随之沉降于干燥室底部。夹杂在废气中的细小粉粒在旋风分离器中分离回收。废气则由排风机排除。

（7）冷却 喷雾干燥室温度较高，乳粉温度一般都在60～65℃。高温下包装的乳粉，尤其是全脂乳粉，受热过久，游离脂肪酸增多，在保藏期内容易引起脂肪氧化变质，产生氧化臭味，高温状态下的乳粉还容易吸收大气中的水分，影响溶解度和色泽，严重降低产品质量。因此，要迅速连续出粉，通过晾粉和筛粉使乳粉温度及时冷却至30℃以下。筛粉一般采用机械振动筛，筛网为40～60目。过筛后可将粗粉、细粉混合均匀，并除去团块和粉渣，新生产的乳粉经过12～24h的贮藏，其表观密度可提高5%左右，有利于包装。

（8）包装 对于全脂乳粉，含有26%以上的乳脂肪，易受光、氧气等作用而变化，因此，要对包装室的空气采取调湿、降温措施，室温一般控制在18～20℃，空气相对湿度50%～60%为宜。需要长期保存的乳粉应采取真空包装或充氮密封包装。

实验八 干酪的制作

一、实验目的

通过对干酪的制作操作，掌握不同种类干酪的制作方法，熟悉生产工艺流程和技术要点，并对控制干酪产率和质量的因素有较深入的了解。

二、实验原理

干酪从广义上可分为天然干酪与再制干酪两大类。在天然干酪中，又可以根据软硬程度分为软质干酪、半硬质干酪、硬质干酪、超硬质干酪4种，或根据成熟方法分为非成熟、霉菌成熟、表面洗浸与细菌成熟、霉菌与细菌成熟、细菌成熟5种。干酪富含钙、维生素、蛋白质等营养元素。

凝乳酶的凝乳原理：酪蛋白在凝乳酶的作用下，形成副酪蛋白，此过程为酶性变化；产生的副酪蛋白在乳中游离钙的存在下，分子间形成“钙桥”，使副酪蛋白胶粒发生团聚作用而产生凝胶体。

发酵剂作用原理：产生乳酸，促进凝乳酶的凝乳作用；促进凝块的收缩，产生良好的弹性；发酵剂乳酸菌可以产生相应的蛋白酶、脂肪酶等分解蛋白质和脂肪等物质，在成熟过程中产生相应的风味物质。

三、材料与设备

1. 材料 无抗生素原料乳、发酵剂（嗜热型和嗜温型均可）、凝乳酶、食品级 $CaCl_2$、食盐、尼龙聚乙烯复合薄膜等。

2. 设备 干酪槽、干酪刀、干酪模具、加热拉伸机、压榨机、pH计、温度计、真空包装机、冰箱或冷库等。

四、制作方法

（一）农家干酪操作步骤

1. 原料乳的杀菌 将过滤净化及标准化后的牛乳倒入干酪槽，采用在63℃的温度条件下杀菌30min的方法或者HTST法（短时间高温杀菌法72℃，15s）进行杀菌。杀菌后迅速冷却至发酵温度22℃。

2. 称量 超净工作台提前半小时紫外杀菌，按比例称取发酵剂、凝乳酶。利用酶将凝乳（蛋白质和脂肪的凝固物）与乳清分离。

3. 接种发酵剂 加入活化好的发酵剂并搅拌。购买的粉末状干酪发酵剂必须经活化后才能使用，干酪发酵剂是嗜中温发酵剂，活化温度为22℃，活化后发酵剂的酸度应在0.8%左右。

4. 加凝乳酶 加入凝乳酶，边加入边搅拌。22℃发酵18h。

5. 切割 凝乳块形成后就可以进行切割。开始顺着容器壁切下去，然后再向凝乳块中间切下去，接着向不同方向切，切割时动作要轻，切割过程在大约10min内完成，直到边长0.5～1.0cm的小凝乳块形成。

6. 排乳清 用热烫后的纱布将凝块包裹，吊挂排乳清约16h。直至手揉凝块乳清排完即可。

7. 加盐 具体的操作方法有直接在凝乳中加盐和用盐水洗浸表面两种。

加盐可以增加干酪的味道并促进乳清的析出，同时还可以抑制细菌的繁殖，阻止异常的发酵。

（二）Mozzarella 干酪操作步骤

1. 原料乳的预处理　利用离心或过滤净化鲜生乳，经过净化的原料乳应立即冷却到 2～4℃以抑制细菌的繁殖。

2. 标准化　使酪蛋白与乳脂肪的比为 0.69～0.71。

3. 原料乳的杀菌冷却　注入干酪槽内进行杀菌，杀菌采用低温巴氏杀菌法 63℃、30min，然后冷却到 30～32℃。①杀灭原料乳中的致病性微生物并降低细菌的总体数量：低温巴氏杀菌可杀灭生乳中 98%～99%的细菌。②破坏生乳中的多种酶类：在巴氏杀菌的过程中，乳中的脂肪酶以及其他分解酶类受热失活，从而增加了干酪产品的稳定性。③蛋白质变性：低温巴氏杀菌对蛋白质的影响非常小，高温巴氏杀菌可使部分乳清蛋白变性凝固留存于干酪中，可以增加干酪的产量。

4. 添加发酵剂　低水分含量的 Mozzarella 干酪的发酵剂为嗜热型混合发酵剂，其中的菌株主要包括嗜热链球菌和德氏乳杆菌保加利亚亚种或瑞士乳杆菌等。发酵剂的加入方法：当乳温在 30～32℃时添加原料乳量 1%～2%的发酵剂。发酵剂加入搅拌均匀后，加入原料乳量 0.005%～0.015%的 $CaCl_2$（配成溶液后加入），要徐徐加入并搅拌均匀。静置发酵 30～40min，此过程称为预酸化，而后取样测定酸度。

5. 添加凝乳酶　当酸度达到 0.18%～0.20%时，再添加 0.002%～0.004%的凝乳酶（用 1%的食盐水配制成 2%的凝乳酶溶液），搅拌 4～5min 后，静置凝乳。

6. 切割、加热搅拌及排出乳清　凝乳酶添加 40min 左右，凝乳充分形成后，进行切割，切成边长为 0.7～0.8cm 的小方块；切后乳清酸度一般应为 0.11%～0.13%，pH 为 6.4 左右。在温度 32℃下缓缓搅拌 15～20min，促进乳酸菌发酵产酸和凝块收缩析出乳清，每 3min 温度升高 1℃，当温度升高至 38～39℃后停止加温，并排出全部乳清。

7. 凝块的堆酿　在堆酿时，需要每 15min 测定一次 pH，直到 pH 达到 5.2～5.3，分别从每一测定样品取大约 50g 样品，进行热烫和拉伸。

8. 热烫、拉伸　在 70～90℃的水浴中热烫凝乳条，分别进行纵向和横向拉伸。纵向拉伸超过 40cm，横向拉伸形成薄膜，凝乳即可进行正式拉伸，水浴温度可以设为机器拉伸的热水温度。热水与物料的比为（2～3）：1，加热拉伸机的转速设为 20～30r/min，设定加热水温度，将 pH 适宜的凝乳块进行拉伸和揉捏至塑性凝块。

9. 成型、腌渍 塑性凝块入模后于0～4℃冷盐水中成型，中心温度至20℃时脱模、腌渍，腌渍的盐水浓度为18%～22%，腌渍时间视干酪块的大小而定，一般腌渍8～12h。

10. 包装冷藏 真空包装后冷藏。

(三) 契达干酪操作步骤

1. 原料乳的预处理 原料乳经验收、净化后进行标准化，使酪蛋白和脂肪的比值为0.69～0.71，进行63～65℃、30min的巴氏杀菌，冷却至30～32℃，注入事先杀菌处理过的干酪槽内。

2. 发酵剂和凝乳酶的添加 乳温在30～32℃时，添加原料乳量1%～2%的发酵剂。加入发酵剂并搅拌均匀后，加入原料乳量0.01%～0.02%的$CaCl_2$，要徐徐均匀添加。静置发酵30～40min，酸度达到0.18%～0.2%时，再添加0.002%～0.004%的凝乳酶，搅拌4～5min后，静置凝乳。

3. 切割、加温搅拌及排出乳清 凝乳酶添加后20～40min，凝乳充分形成，即可进行切割，一般切成的小方块边长为0.5～0.8cm；切后乳清酸度一般应为0.11%～0.13%。在温度31℃下搅拌25～30min，促进乳酸菌发酵产酸和凝块收缩渗出乳清。然后排出1/3量的乳清，开始以每分钟升高1℃的速度搅拌加温。当温度最后升至38～39℃后停止加温，继续搅拌60～80min。当乳清酸度达到0.2%左右时，排出乳清。

4. 凝块的反转堆积 排出大部分乳清后，将干酪粒经10～15min堆积，以进一步排出乳清，凝结成块，厚度为10～15cm，此时乳清酸度为0.20%～0.22%。将饼状的凝块切成15cm×25cm大小的块进行反转堆积，视酸度和凝乳的状态，在干酪槽的夹层加温，一般为38～40℃。每10～15min将切块反转叠加一次。一般每次按2枚、4枚的顺序反转叠加堆积。在此期间应经常测定排出乳清的酸度，当酸度达到0.5%～0.6%（高酸度法0.75%～0.85%）时即可。全过程需要2h左右，该过程比较复杂，现多采用机械化操作。

5. 破碎与加盐 堆积结束后，将饼状干酪块用破碎机处理成边长1.5～2.0cm的碎块。破碎的目的在于加盐均匀，成型操作方便，除去堆积过程中产生的不愉快气味。然后采用干盐撒布法加盐。当乳清酸度为0.8%～0.9%，凝块温度为30～31℃时，按凝块量的2%～3%加入精盐粉。一般分2或3次加入，并不断搅拌，以促进乳清排出和凝块收缩，调整酸的生成。生干酪含水40%，食盐1.5%～1.7%。

6. 压榨成型 将凝块装入专用的定型器中，在27～29℃进行压榨。开始预压榨时压力要小，逐渐加大。用规定压力0.35～0.4MPa，压榨20～30min，成型后再压榨10～12h，最后正式压榨1～2d。

7. 成熟 成型后的生干酪放在温度10～15℃、相对湿度85%条件下发酵成熟。开始后，每天擦拭反转1次，约经1周后，进行涂布挂蜡或塑料真空热缩包装。整个成熟期6个月以上。若在4～10℃条件下，成熟期需6～12个月。包装后的契达干酪应贮存在冷藏条件下，防止霉菌生长，以延长产品货架期。

实验九 冰淇淋的制作

一、实验目的

通过本实验的学习，掌握冰淇淋的制作工艺和冰淇淋膨胀率的测定方法，掌握对冰淇淋的香气、色泽、质地进行感官评价的描述性检验方法，熟悉冰淇淋的配料、生产工艺以及操作过程，进一步了解冰淇淋的制作原理。

二、实验原理

冰淇淋是以牛乳或乳制品和甘蔗为主要原料，并加入蛋或蛋制品、乳化剂、稳定剂、香料、色素等经混合配制、均质、杀菌、老化、凝冻、成型、硬化等工序而制成的体积膨胀的冷冻食品。不同产品在成分和外形上存在明显区别。根据消费形式的不同，可以将其分为软冰淇淋和硬化冰淇淋。硬化冰淇淋是指冰淇淋在生产过程中经过硬化工艺处理，冰淇淋中冰含量大幅度提高，产品质地较硬。而软冰淇淋则不经过硬化工艺，经凝冻后直接销售给消费者。按所用原料中的脂肪含量分为全乳脂冰淇淋、半乳脂冰淇淋、植脂冰淇淋三种。保持适当的膨胀率、防止重结晶是冰淇淋制作过程中的关键问题。冰淇淋的配料、制作与贮藏均与此相关。

三、材料与设备

1. 材料 全脂乳粉、白砂糖、麦芽糊精、奶油、棕榈油、淀粉、淀粉糖浆、葡萄糖粉、瓜尔豆胶、海藻酸钠、黄原胶、明胶、分子蒸馏单甘酯、蔗糖脂肪酸酯、乙基麦芽酚、香兰素、乳化炼乳香精、饮用水等。

2. 设备 高速混料缸、夹层锅或水浴锅、冷藏室、高压均质机、冰淇淋机、模具、低温冰箱等。

四、制作方法

1. 工艺流程

香精
↓
原料预热→混合→巴氏杀菌→均质→冷却→老化→凝冻→添加辅料→
↗灌装→软冰淇淋
↘灌装→硬化→硬化冰淇淋→冻藏

2. 参考配方 棕榈油 11%，奶油 2.5%，全脂乳粉 12.5%，白砂糖 16%，麦芽糊精 2%，葡萄糖粉 2%，淀粉 2%，淀粉糖浆 5%，海藻酸钠 0.1%，瓜尔豆胶 0.1%，黄原胶 0.1%，明胶 0.25%，分子蒸馏单甘酯 0.18%，蔗糖脂肪酸酯 0.07%，乙基麦芽酚 20mg/kg，香兰素 40mg/kg，乳化炼乳香精 0.08%，饮用水 51.6%。

3. 操作要点

（1）主要工序

①配料时要求：a. 原料混合的顺序宜从浓度低的液体原料如牛乳等开始，其次为炼乳、稀奶油等液体原料，再次为白砂糖、乳粉、乳化剂、稳定剂等固体原料，最后以水进行容量调整；b. 混合溶解时的温度通常为 40～50℃；c. 鲜乳要经 100 目纱布进行过滤；d. 乳粉在配制前应先用温水溶解，并经过滤和均质再与其他原料混合；e. 白砂糖应先加入适量的水，加热溶解成糖浆，经过 160 目筛过滤后泵入混料缸内；f. 人造黄油、硬化油等使用前应加热熔化或切成小块后加入；g. 冰淇淋复合乳化剂、稳定剂可与其 5 倍以上的砂糖拌匀后，在不断搅拌的情况下加入混料缸中，使其充分溶解和分散；h. 鸡蛋应与水或牛乳以 1∶4 的比例混合后加入，以免蛋白质变性凝成絮状；i. 明胶、琼脂等先用水泡软，加热溶解后加入；j. 淀粉原料使用前要加入其 8～10 量的水并不断搅拌制成淀粉浆，通过 100 目筛过滤，在搅拌的前提下徐徐加入配料缸内，加热糊化后使用。

②杀菌：待各种原料加入配料罐中混合后，用水补足配制所需的数量，进行巴氏灭菌，将料液加热到 85℃并保持 15s，一般可杀灭致病菌和大部分

细菌。

③均质：杀菌后的料液用循环冷水快速冷却至65℃左右时进行均质。通过均质可以使冰淇淋组织细腻，润滑松软，减少冰晶的形成，以增强冰淇淋稳定性和持久性，提高膨胀率。

④冷却与老化：混合原料均质后，立即冷却，并于2～4℃下老化4～10h。老化过程中可使脂肪、蛋白质和稳定剂充分水合，增加料液黏度，有利于凝冻搅拌时提高膨胀率。

⑤凝冻：在冰淇淋机中凝冻。为提高冰淇淋的膨胀率，在凝冻过程中要保持合适的进气量，以免物料凝冻成冰。

⑥灌注成型、包装、硬化：根据需要将凝冻后的冰淇淋立即灌注到不同的容器中成型，即为软冰淇淋。将成型后冰淇淋放在低温下速冻硬化，使冰淇淋硬化以固定冰淇淋的组织状态并保持硬度，即为硬化冰淇淋。

（2）主要工序的技术参数

①原料混配温度：40～50℃。

②杀菌条件：85℃、15s。

③均质条件：温度约65℃，第一级均质压力15～20MPa，第二级均质压力2～5MPa。

④老化条件：2～4℃、4～10h。

⑤凝冻温度：－3～－4℃。

⑥速冻温度：－20～－30℃。

⑦膨胀率要求：80%～120%。

（3）冰淇淋机操作步骤

①开启冰淇淋机的电源开关。

②对冰淇淋机进行清洗。将加有中性洗涤剂的热水倒进料箱，启动搅拌开关，将热水送进凝冻筒，开动清洗，清洗完毕后用清水清洗。待清洗完毕后停机；打开出料阀，放掉残液。

③把2～4℃的混合原料送入料箱，开启料阀及凝冻开关，向凝冻筒送料。

④当料液被凝冻成半固体状时，可以进行出料。

（4）操作注意事项

①分子蒸馏单甘酯、蔗糖脂肪酸酯、各种胶体与蔗糖混合后，再与水、乳粉、油、淀粉、麦芽糊精、淀粉糖浆、色素等混合。

②乙基麦芽酚、香兰素及脂溶性香精在均质前加入，水溶性香精在老化后期加入。

③均质前要开启冷却水阀门。

4. 产品评价

(1) 感官评价　冰淇淋应口感细腻、润滑，无冰晶体感，色泽适宜，香味纯正。采用描述性检验法对实验品的色、香、味和质地进行感官评价。

(2) 膨胀率的计算公式

$$A=(B-C)/C\times 100\%$$

式中　A——膨胀率；

B——混料的质量；

C——与混料同体积的冰淇淋的质量。

(3) 抗融性的测量　硬化后的冰淇淋分别放在两个大烧杯中，放入 32℃ 的培养箱中，观察它们的融化顺序和融化速度。

(4) 理化指标　总固形物≥30%，脂肪≥8%，蛋白质≥2.5%，膨胀率 80%～120%。

(5) 评价方法　按照《冰淇淋》(SB/T 10013—1999) 进行评价。

第三部分　蛋制品制作

实验一　禽蛋的构造和物理性状测定

一、实验目的

熟悉禽蛋的构造，了解禽蛋的物理性状，掌握蛋壳强度和厚度测定的方法。

二、材料与用具

各种禽蛋、天平、游标卡尺或 NFN385 型蛋形指数测定仪、NFN388 蛋壳强度计、蛋壳厚度测定仪、显微镜、乙醚或酒精、脱脂棉、美蓝或高锰酸钾、浓盐酸、镊子、剪刀、2%复红与 2%橘黄 G 的混合液、滤纸、载玻片、培养皿、烧杯、酒精灯、小刀、蛋黄蛋白分离器或窗纱等。

三、实验步骤

（一）禽蛋重量测定

取各种禽蛋若干枚，用天平逐个称重，然后根据称重结果确定各种禽蛋的重量范围，并求出各种禽蛋重的平均数和标准差。

（二）禽蛋形状评定

禽蛋的形状用蛋形指数来表示。蛋形指数是蛋的纵径与横径之比。形状标准的禽蛋呈椭圆形，正常鸡蛋的蛋形指数为 1.32～1.39，标准值为 1.35，如用横径与纵径的比值表示则为 0.72～0.76；鸭蛋的蛋形指数为 1.2～1.58（0.63～0.83）。

1. 游标卡尺测定　取各种禽蛋若干枚，用游标卡尺逐个测出蛋的纵径和横径，然后计算出蛋形指数。具体操作见图 3-1-1 和图 3-1-2。

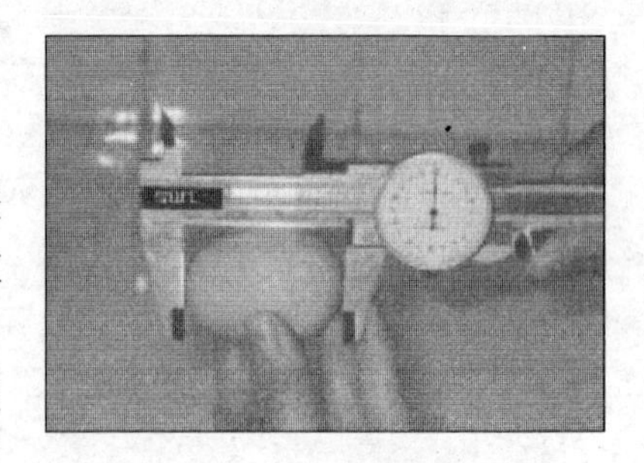

图 3-1-1　禽蛋纵径测定
（http：//wenku. baidu. com/）

2. NFN385 型蛋形指数测定仪测定

（1）测定前用标准附件里的校正块进行校正，校正块是直径为 5cm 的圆。此款仪器适用于鸡蛋、鸭蛋和鹌鹑蛋的测定。

（2）将禽蛋钝端朝前轻放在测定盘左下方的固定框里，尽量使禽蛋的长轴与测定盘面和桌面平行，禽蛋四边与固定框和测定框紧贴。

（3）轻提自由测定杆，缓慢移动测定框将鸡蛋夹住，使鸡蛋四边与固定框及测定框紧贴，测定盘右下方刻度盘显示出纵轴和横轴测量结果，右上方的指针标识出鸡蛋的大致形状，S 为圆形，M 为标准形，L 为长形。

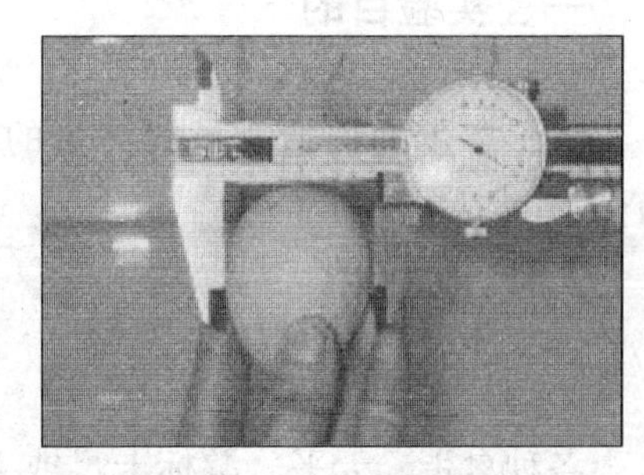

图 3-1-2　禽蛋横径测定
（http：//wenku. baidu. com/）

（三）蛋壳强度测定

蛋壳强度是指蛋对碰撞或挤压的承受能力，是评价蛋壳致密坚固性的重要指标。方法是用专用的蛋壳强度计测定，以 NFN388 型蛋壳强度计为例说明其方法步骤如下：

（1）依次打开测定仪主机和操作面板的电源开关。

（2）按“peak”峰值显示功能键。液晶显示屏处会有“peak”的提示信息显示。

（3）根据测定鸡蛋的大小选取合适的固定海绵垫，放置在测定平台上。

（4）按“start”，使测定仪自动清零，测定传感器自动缓慢下降，当接触到鸡蛋后对其表面缓慢加压。当蛋壳表面出现裂纹时，测定传感器自动上升，显示屏显示蛋壳出现裂纹瞬间最大压力值，即为蛋壳强度，单位为 kg/cm^2。

（5）测定完毕将鸡蛋取下，放置下一个鸡蛋并按“start”进行连续测定。

（四）蛋壳厚度

蛋壳厚度的检测分为破坏性检测和非破坏性检测两种。

（1）破坏性检测是将禽蛋打开，取蛋壳。用蛋壳厚度测定仪或游标卡尺在禽蛋的大头、中间、小头分别取点测定，然后求其平均值即为蛋壳厚度，也可只取中间部位的蛋壳，除去内蛋壳膜后测量出厚度，以此厚度代表该类蛋的蛋壳厚度。

（2）非破坏性检测一般是利用超声波检测，将禽蛋放入带有超声波传感探头的支架上，待显示屏上读数稳定后可直接读取蛋壳厚度值。

（五）蛋壳结构观察

1. 气孔的观察及数目统计　取蛋壳一块，剥下蛋壳膜，用滤纸吸干蛋壳，再用乙醚或酒精棉除去油脂，然后在蛋壳内面滴上美蓝或高锰酸钾溶液，经15～20min，蛋壳表面即显出许多蓝点或紫红色点，用低倍显微镜观察并计数1cm²的气孔数。

2. 蛋壳结构观察　取蛋壳一小块放入50mL的烧杯中，加入2mL浓盐酸，就可观察到碳酸钙被溶解，二氧化碳产生，最后只剩下一层有机膜。

（六）内蛋壳膜与蛋白膜的结构观察

在气室处用镊子小心取下内蛋壳膜和蛋白膜，于水中展开成薄膜，分别铺在载玻片上，再将2%复红与2%橘黄G按1∶1混合的混合液滴在膜上染色10min，然后用水冲去染色液，用滤纸吸去水分，并在酒精灯上稍烘一下，即可在高倍显微镜下观察。将观察结果各绘一图。

（七）内容物的观察

1. 蛋白结构的观察　将蛋打开，把内容物小心倒在培养皿中，观察外稀蛋白和浓厚蛋白，再用剪刀剪穿浓厚蛋白层，内稀蛋白就可从剪口处流出，同时观察系带的状况。

2. 蛋黄结构的观察　用蛋白蛋黄分离器或窗纱将蛋白和蛋黄分开，观察蛋黄膜、蛋黄上侧的胚盘状况。为观察蛋黄的层次和蛋黄心，可将蛋煮熟，用快刀沿长轴切开，可看到黄白相间的蛋黄层次和位于中心呈白色的蛋黄心。

（八）禽蛋的组成

在蛋内容物的观察时，分别将蛋壳、蛋白和蛋黄称重，并计算其所占全蛋质量的百分率。将所测数据填入表3-1-1中。

表3-1-1　禽蛋物理性状记录表

种类	质量/g				组成比例/%			蛋形				蛋壳性状		
	全蛋	蛋壳	蛋白	蛋黄	蛋壳	蛋白	蛋黄	纵径/cm	横径/cm	蛋形指数	形状	强度/(kg/cm²)	厚度/mm	气孔/(个/cm²)
鸡蛋														
鸭蛋														
鹅蛋														
鹌鹑蛋														

实验二　禽蛋新鲜程度与品质评定

一、实验目的

了解禽蛋的新鲜程度和品质评定的指标，掌握其评定方法。熟悉哈夫单位测定步骤及技术要点。

二、材料与用具

新鲜蛋、陈次蛋、蛋托、食盐、密度计、大烧杯、照蛋器、厚纸板、万能表格纸（或气室高度测定规尺）、哈夫单位测定仪、玻璃板、游标卡尺等。

三、实验步骤

（一）壳蛋检验

1. 外观检验　用肉眼观察蛋的形状、大小、色泽、蛋壳的完整性和污洁情况。良质鲜蛋的蛋壳完整清洁，色泽和蛋形正常，表面粗糙，无光泽，有一层粉状物（外蛋壳膜）。陈次蛋的外蛋壳膜脱落，表面光滑，有光泽，颜色变暗灰色或青白色。

2. 密度的测定　新鲜蛋的相对密度为 1.08～1.09，陈旧蛋的密度减小，所以通过测定蛋的密度就可知其新鲜程度。

先配成 11%、10%和 8%三种浓度的食盐溶液，其相对密度分别为 1.080、1.073 和 1.060，用密度计校正后分盛于大烧杯内，将被检蛋放于相对密度 1.080 的食盐水中，下沉者为相对密度大于 1.080 的蛋，证明为新鲜蛋。上浮者转放入相对密度 1.073 的食盐水中，下沉者为相对密度小于 1.080 大于 1.073 的蛋，证明为普通蛋。上浮者再转放于相对密度 1.060 的食盐水中，下沉者为合格蛋，上浮者为陈旧蛋或腐败蛋。

3. 照视检查　照视检查就是利用灯光照检蛋的好坏。照蛋时用手握住蛋的下半部，将蛋的大头送到照蛋孔前，使灯光透过蛋，并左右旋转，使蛋内的蛋黄、蛋白随着蛋的转动而转动，借以观察蛋内的蛋黄位置、蛋白状况、气室大小、透光性、颜色、有无异物及变质情况等。

4. 气室大小的测定　气室大小可用气室高度和气室底部直径来表示。

气室高度使用专用测定规尺或用厚纸板贴上万能表格纸再剪成半圆形缺口的自制测定规尺来测定。测定时将蛋的大头向上置于规尺半圆形切口内，读出气室两端各落在规尺刻度线上的刻度数（图 3-2-1），按下式计算气室高度。

$$气室高度=\frac{气室左边的高度+气室右边的高度}{2}$$

气室底部直径可用游标卡尺量出。

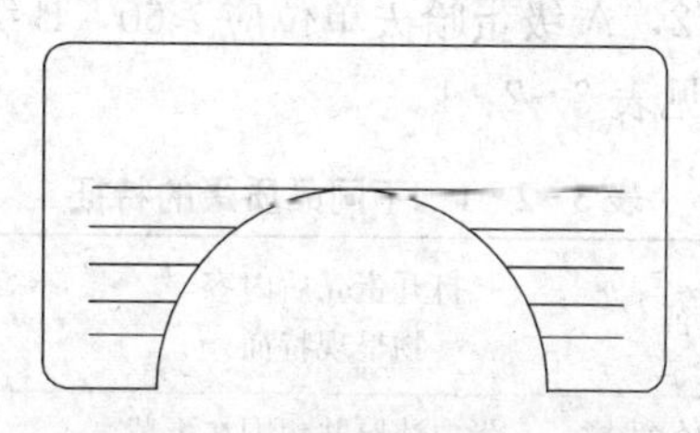

图 3-2-1　气室高度测定规尺

最新鲜蛋的气室高度小于 3mm，底部直径 10～15mm。普通蛋高度为 10mm 以内，直径 15～25mm。可食蛋高度在 10mm 以上，直径 30mm。

（二）开蛋检验

1. 感官检验　把蛋打开后，将其内容物置于玻璃平皿内，观察蛋黄与蛋白的颜色、稠度、性状，有无血斑和肉斑，胚盘是否发育，有无异物和异味。

2. 蛋黄指数的测定　蛋黄指数是表示蛋黄体积增大的程度，蛋愈陈旧，蛋黄指数愈小。新鲜蛋的蛋黄指数为 0.4～0.44。蛋黄指数达 0.25 时，打开后几乎成散黄蛋。

$$蛋黄指数=\frac{蛋黄高度}{蛋黄宽度}$$

①蛋黄指数的测定方法：将蛋打在水平位置的玻璃板上，在蛋白与蛋黄不分离的状态下，用高度游标卡尺量出蛋黄高度，再用普通游标卡尺量出蛋黄宽度。量时以卡尺刚接触蛋黄膜为宜，且应在 90°的相互方向上各测两次，求其平均数。

②蛋黄指数的评定方法：新鲜蛋的蛋黄指数为 0.4 以上，普通蛋的蛋黄指数为 0.35～0.4，合格蛋的蛋黄指数为 0.3～0.35。

3. 蛋白哈夫单位的测定　蛋白哈夫单位是反映蛋白存在状况和质量的指标，其测定方法如下：先将哈夫单位测定仪接通电源，载物台调到水平位置。取蛋称重（精确到 0.1g）后打蛋，将蛋内容物倒在载物台的玻板上，选距蛋黄 1cm 处浓厚蛋白最宽的部位作测定点。将高度游标卡尺慢慢落下，当标尺下端与浓厚蛋白表面接触时，立即停止移动调测尺，并读出卡尺上标示的刻度数。根据蛋白高度与蛋重，按下式计算蛋白哈夫单位：

$$Hu=100\lg(H-1.7W^{0.37}+7.6)$$

式中 Hu——哈夫单位；

H——蛋白的高度（mm）；

W——蛋的质量（g）。

在我国鲜禽蛋分级标准中将鲜蛋分为4个等级，即AA、A、B和C级，AA级蛋哈夫单位应≥72，A级蛋哈夫单位应≥60，B级蛋哈夫单位应≥55。

不同品质蛋的特征见表3-2-1。

表3-2-1 不同品质蛋的特征

蛋品质	照蛋时呈现特征	打开蛋壳后内容物呈现特征	产生原因	食用性
新鲜蛋	蛋体透光，呈均匀浅橘红色，蛋内无异物，蛋黄固定稍动，轮廓模糊，气室很小，无移动	蛋白浓厚并包围在蛋黄周围，蛋黄高高凸起，系带坚固有弹性		供食用
陈蛋	蛋体透光性较差，蛋黄轮廓明显，转动蛋体时，蛋黄向周围移动，气室增大	蛋白稀薄澄清，蛋黄膜松弛，蛋黄呈扁平状，系带松弛	放置时间长，未变质	可食用
胚胎发育蛋	蛋内呈暗红色，在胚盘附近有明显黑色影子移动，气室增大	蛋白稀，胚胎增大，蛋黄膜松弛，蛋黄扁平，系带细而无弹性	蛋受热，胚胎膨胀增大	轻者可食用
靠黄蛋	蛋白透光性较差，呈淡暗红色，转动时见一个暗红色影子（蛋黄）始终上浮靠近蛋壳，气室增大	蛋白稀薄，系带较细，蛋黄扁平，无异味	贮存时间太长	可食用
贴壳蛋	蛋白透光性差，蛋内呈暗红色，转动时有一不动暗影贴在蛋壳上，轻者稍转动蛋后，蛋黄脱离蛋壳后见暗影流动上浮，重者无此现象。气室大	蛋白稀，系带细，蛋黄扁平或成散黄	靠黄蛋进一步发展的结果	轻者可食用
散黄蛋	蛋体内呈云雾状或暗红色，蛋黄形状不正，气室大小不一，不流动	蛋白与蛋黄混合，浓厚蛋白很少或无，轻度散黄，无异味	受震动后蛋，蛋膜破裂所致	未变质者可食用
霉蛋	蛋体周围有黑斑点，气室大小不一，蛋黄整齐或破裂	蛋白浓稀不一，蛋黄扁平，蛋壳内有黑斑或黑点	受潮或破裂后霉菌侵入所致	霉菌未进入蛋内者可食用

（续）

蛋品质	照蛋时呈现特征	打开蛋壳后内容物呈现特征	产生原因	食用性
黑腐蛋	蛋壳呈大理石花纹，除气室外，全部不透光	内容物呈水样弥漫状，蛋黄蛋白分不清	细菌引起内容物变质	不可食用
气室移动蛋	气室位置不定，有气泡	内容物变化不大	气室移动	可食用
孵化蛋	蛋内呈暗红色，有血丝呈网状，有黑色移动影子	可见到发育不全的胚胎及血丝	授精蛋、孵化蛋、孵化受热胚盘发育所致	一般不食用
异物蛋	光照时蛋白或系带附近有暗色斑点或条形蠕动阴影	具备新鲜蛋特征，但内容物内有异物	异物入蛋内	一般可食用

实验三　禽蛋物化性质的测定

一、实验目的

熟悉禽蛋物化性质指标的评价方法，掌握特征评价指标的技术要点。

二、材料与用具

蛋白液、蛋白粉、蛋黄粉、蛋黄液、十二烷基磺酸钠、磷酸盐缓冲液、大豆油、色拉油、烧杯、离心管、尺子、天平、高速离心机、pH 计、高剪切乳化均质机、生化培养箱、分光光度计。

三、实验步骤

1. 蛋白热变性温度测定　量取 10mL10％的蛋白粉溶液样品于试管中，缓慢水浴加热处理，测定蛋白变性时温度。

2. 禽蛋持水性测定　准确称取 10g 蛋白液，溶于一定量的蒸馏水中，并定容至 100mL，然后用移液管取 1mL 样液，将其平铺于培养皿中，置于生化培养箱中，每隔 10min 测一次样液的水分残存率，测定 2h，由水分残存率得出其持水性。

3. 蛋白起泡性（*FA*）测定 取30mL 10%的蛋白粉溶液置于200mL烧杯中，使用数显搅拌器搅打发泡3min后（搅拌速度为1 500r/min），记录泡沫体积，按下式计算起泡能力：

$$FA=\frac{V-30}{30}\times100\%$$

式中 V——搅拌停止时泡沫的总体积（mL）；

30——原液的体积（mL）。

4. 蛋白泡沫稳定性（*FS*）测定 将上述起泡性测定后的泡沫静置30min后，测出下层析出液体积，按下式计算泡沫稳定性：

$$FS=\frac{V_e}{V}\times100\%$$

式中 V——搅拌停止时泡沫的总体积（mL）；

V_e——30min后泡沫的体积（mL）。

5. 蛋黄吸油性测定 精确称取2.0g蛋黄粉，向其中加入10mL大豆油，于5 000r/min离心10min，倒出上层油，离心管倒置1h，以重量法测吸收的油量。

$$吸油性（g/g）=（W_2-W_1）/W_0$$

式中 W_2——离心管加沉淀的重量（g）；

W_1——离心管加蛋黄粉的重量（g）；

W_0——蛋黄粉的重量（g）。

6. 蛋黄乳化性测定 准确称取3g蛋黄液，溶解于50mL磷酸盐缓冲液中（0.1mol/L、pH为7.0），加入50mL色拉油，高剪切乳化均质机中10 000r/min均质2min，移入50mL离心管后，于1 500r/min转速下离心5min，根据乳化层高度计算乳化性：

$$乳化性=\frac{乳化层高度}{总高度}\times100\%$$

7. 蛋黄乳化活性测定 称取0.5g蛋黄粉，溶于100mL pH为7.0、0.1mol/L的磷酸盐缓冲液中，取30mL溶液与10mL大豆油混合，使用高速匀浆机在10 000r/min的条件下均质1min以形成乳浊液，均质后迅速从底部吸取100μL分散于10mL 0.1%的十二烷基磺酸钠中，于500nm处测定吸光度A_0。乳化活性以乳化活性指数（*EAI*）表示，按下式计算：

$$EAI=\frac{2\times T\times N}{C\times\varphi\times100\ 000}$$

式中　T——浊度，$T=\frac{A_0}{L}$，L 为比色皿光径（cm）；

N——稀释倍数；

C——乳化液形成前样品浓度（g/mL）；

φ——乳化液中油相的体积分数。

实验四　禽蛋蛋黄卵磷脂的测定

一、实验目的

了解分光光度法测定禽蛋蛋黄中卵磷脂的原理和方法，掌握标准曲线法测定卵磷脂的技术要点。

二、材料与用具

无水乙醇、浓硫酸、高氯酸、硝酸、偏钒酸铵、钼酸铵、磷酸二氢钾。

95%乙醇溶液：取 95mL 无水乙醇，加水至 100mL。

高氯酸-硝酸消化液：高氯酸、硝酸按 1∶4（体积比）混合。

钒钼酸铵显色剂：称取偏钒酸铵 1.25g，加水 200mL，加热溶解，冷却后再加入 250mL 硝酸，另称取钼酸铵 25g，加水 400mL，加热溶解，冷却后将两种溶液混合，用水定容至 1 000mL，避光保存，若生成沉淀则不能继续使用。

磷标准液：精确称取 105℃下干燥的磷酸二氢钾（优级纯）0.219 5g 溶解于水中，定量转入 1 000mL 容量瓶中，加硝酸 3mL，用水稀释至刻度，摇匀，即为 50μg/mL 的磷标准液。

电子分析天平、高速离心机、可见分光光度计（721/722 型）。

三、实验步骤

1. 卵磷脂萃取　取 1 枚新鲜鸡蛋，去除蛋白，将蛋黄搅拌均匀，取 4～5g 于 100mL 离心管中，加入 90mL 95%乙醇溶液，充分搅拌，4 000r/min 离心 10min，将乙醇溶液收集于 100mL 容量瓶中，以无水乙醇定容至 100mL。

2. 样品消化 准确吸取10mL上述蛋黄乙醇溶液于凯氏烧瓶中，加热将乙醇蒸干。冷却后，加入3mL浓硫酸、3mL高氯酸-硝酸消化液，置于电炉上消化。瓶中液体初为棕黑色，待溶液变为无色或微带黄色清亮液体时即消化完全。待溶液冷却后，加入20mL水，冷却，转移至100mL容量瓶中，用水多次洗涤凯氏烧瓶，洗液合并倒入容量瓶内，定容至100mL。此溶液为试样测定液。取与消化试样同量的硫酸、高氯酸-硝酸消化液，按上述方法进行消化，作为空白溶液。

3. 标准回归方程制定 准确吸取磷标准液0、1.0、2.0、4.0、6.0、8.0、10.0mL，分别置于20mL具塞试管中，加入10mL钒钼酸铵显色剂，摇匀，加水至20mL（即磷浓度分别为0、2.5、5.0、10.0、15.0、20.0、25.0μg/mL），混匀，25℃环境下静置10～15min，以水为参比，用1cm比色皿，在可见分光光度计400nm波长下测各溶液的吸光度。以测出的吸光度对磷含量做标准回归方程。

4. 样品测定 准确吸取样品测定液2mL及同量的空白液，分别置于20mL具塞试管中，按标准回归方程的方法测定磷含量。再根据以下公式计算卵磷脂含量。

$$\text{卵磷脂含量}=\frac{25\times X\times N\times 10^{6}}{m}\times 100\%$$

式中 25——磷换算成卵磷脂的系数；
X——依据回归方程计算出的试样磷含量（μg）；
N——样品稀释倍数；
m——蛋黄样品质量（g）。

实验五 皮蛋的制作

一、实验目的

了解制作皮蛋所需原辅料的选择及作用，掌握皮蛋制作的原理、工艺流程及操作要点。

二、材料与用具

缸、秤、盛蛋容器、照蛋器、新鲜禽蛋、硫酸铜、烧碱、茶叶、食盐、水、石蜡等。

三、实验步骤

（一）原料鸭蛋的选择

原料蛋的好坏是决定皮蛋品质的一个重要因素，所以对原料蛋必须进行逐个检查和严格的挑选。用于制作皮蛋的原料必须新鲜，用照蛋器透视时，气室高度不得高于 9mm，整个蛋内容物呈均匀一致的微红色，蛋黄不见或略见暗影，胚珠无发育现象，如将蛋迅速转动可以略见蛋黄也随之缓缓转动。次蛋，如破损蛋、热伤蛋、胚胎发育蛋、贴皮蛋、散黄蛋、腐败蛋、霉蛋、绿色蛋白蛋、异物蛋、水泡蛋、钢壳蛋、沙壳蛋等均不宜制作皮蛋。此外，还要根据蛋的大小进行制作。

（二）材料的选择

（1）茶叶　选用红茶叶或茶末为好，因红茶中的单宁酸芳香油比绿茶多，发酵变质的茶叶不能使用。

（2）食盐　要求用市售的干燥食盐。

（3）烧碱　化学名称为氢氧化钠（NaOH），烧碱可代替纯碱和石灰制作皮蛋。用烧碱配制皮蛋料液时，要使用包装完好的纯品。烧碱在空气中极易吸收水分，使表面呈现润滑状态，时间稍久就会变为黏稠如甘油状的液体烧碱，这种液体烧碱具有强烈的腐蚀性，在配料操作时要防止烧灼皮肤和衣服等。

（三）制作方法

现代料液无铅工艺制作皮蛋的方法介绍如下。

1. 料液的配制

（1）配方（以 1 000 枚鸭蛋计）　水 50kg，生石灰 8.5kg，纯碱 4kg，红茶末 1.8kg，粗盐 2.7kg，硫酸铜 125g。

（2）配制方法　先将红茶末放入大缸，灌入约 2/3 的热开水将茶末泡开，然后把石灰分批投入缸内（注意石灰不能一次投入太多，否则会造成沸水溅出伤人），同时把纯碱放在另一小缸内，用另外 1/3 的热开水溶化后灌入大缸中，最后把食盐放入大缸中并充分搅拌，等料液冷凉至 25℃以下才能使用。

如料液用烧碱配制，则不用纯碱和石灰，50kg 水加 2～2.1kg 烧碱，其他配料与上法同。先将红茶末、食盐、氧化铅放入缸内，灌入热开水，然后把烧碱分批投入，充分搅拌（防止碱液伤人）。

2. 料液碱度的测定 用刻度吸管量取澄清料液 4mL 注入 300mL 三角烧瓶中，加水 100mL，加 10%氯化钡溶液 10mL，摇匀，静置片刻，加 0.5%酚酞指示剂 3 滴，用 1mol/L 盐酸标准溶液滴定至溶液粉红色恰好消退为止。1mol/L 盐酸标准溶液的毫升数即相当于氢氧化钠含量的百分数。料液中的氢氧化钠含量要求达到 4%～5%。

3. 装缸、灌料泡制 将检验合格的鸭蛋装入缸中，装蛋至离缸口 15～17cm，鸭蛋上覆盖竹盖，或铺一层稻草，然后将配好并已冷凉的料液在不停搅拌下缓缓倒入缸内，使蛋全部浸入料液中。

4. 管理 灌料后，室温要保持在 20～25℃，最低不能低于 15℃，最高不能超过 30℃。如发现室温过高或过低，要采取措施进行调整。浸泡过程中，对皮蛋的变化情况要进行三次检查。

(1) 第一次检查 鲜蛋下缸后，夏天（25～30℃）经 5～6d，冬天（15～20℃）经 7～10d 即可检查。用灯光透视时，蛋黄贴蛋壳一边，类似鲜蛋的红搭壳、黑搭壳，蛋白呈阴暗状，说明凝固良好。如还像鲜蛋一样，说明料性太淡，要及时补料。如整个蛋大部分发黑，说明料性过浓，必须提早出缸。

(2) 第二次检查 鲜蛋下缸 15d 左右，可以剥壳检查，此时蛋白已经凝固，蛋白表面光洁，褐中带青，全部上色，蛋黄已变为褐绿色。

(3) 第三次检查 鲜蛋下缸 20d 左右剥壳检查，蛋白凝固很光洁，不粘壳，呈棕黑色，蛋黄呈绿褐色，蛋黄中心呈淡黄色溏心。此时如发现蛋白烂头和粘壳现象，说明料液太浓，必须提前出缸。如发现蛋白软化，不坚实，表示料液较弱，稍推迟出缸时间。

皮蛋成熟时间 20～30d（气温高，时间稍短；气温低，时间稍长）。经检查已成熟的皮蛋可以出缸。出缸时用特制的捞子把皮蛋轻轻从缸中捞出，用清洁水冲洗沾在蛋壳上的料液，冲洗后要晾干。

5. 包蜡前的品质检验 冲洗晾干后的皮蛋，及时进行品质检验，剔除一切破、次、劣皮蛋。其方法介绍如下（也可参照皮蛋国家标准）：

(1) 观 即观察皮蛋的壳色和完整程度，剔除皮壳黑斑过多蛋和裂纹蛋。

(2) 颠 即用手颠。将皮蛋放在手中，抛起 12～15cm 高，连抛数次，好蛋有轻微动的弹性，若无弹性感为次劣皮蛋。

(3) 摇晃 即用手摇法。用拇指、中指捏住皮蛋的两端，在耳边上下摇动。若听不出什么声响，便是好蛋；若听到内部有水流的上下撞击声，即为水响蛋；听到只有一端发出水荡声音，即为烂头蛋。

(4) 弹 即用手弹。将皮蛋放在左手掌中，以右手食指轻轻弹打蛋的两端，声音不清脆即为劣质蛋（包括水响蛋、烂头蛋等）。

（5）透视　即用灯光透视。如照出皮蛋大部分呈黑色（墨绿色），蛋小头呈棕色，而且稳定不动者，即为好蛋。如蛋内部全呈黑色影，并有水泡阴影来回转动，即为水响蛋。如蛋内全部呈黄褐色，并有轻微移动现象，即为未成熟的皮蛋。如蛋的小头蛋白过红，即为碱伤蛋。

（6）品尝　在样品中抽取约10%有代表性的样品皮蛋剥壳检验，先观察外形、色泽、硬度等情况。再用刀纵向剖开，观察其内部蛋黄、蛋白的色泽、状态。最后用鼻嗅、嘴尝评定其气味、口味，以便总结经验。

6. 涂蜡　石蜡（食品包装用白蜡，标号为52～60号）熔化并加温到95～110℃，然后把皮蛋在其内浸一下，并迅速拿出来，于空气中冷却，皮蛋的表面就覆盖上了一层薄膜。

7. 贮存　保存于干燥、通风、阴凉且温度不高的地方。经10～30d的后熟期即为成品。

皮蛋国家标准感官指标见表3-5-1。

表3-5-1　皮蛋国家标准感官指标

项目		优级	一级	二级
外观		包泥蛋的泥层和稻壳应薄厚均匀，微湿润。涂料蛋的涂料应均匀。包泥蛋、涂料蛋及光身蛋都不得有霉变，蛋壳要清洁完整	包泥蛋的泥层和稻壳应薄厚均匀，微湿润。涂料蛋的涂料应均匀。包泥蛋、涂料蛋及光身蛋都不得有霉变，蛋壳要清洁完整	包泥蛋的泥层和稻壳要基本均匀，允许有少数露壳或干枯现象。涂料蛋及光身蛋蛋壳都应清洁完整
蛋内品质	形态	蛋体完整，有光泽，弹性好，有松花，不粘壳。溏心皮蛋呈一般溏心或小溏心，硬心皮蛋呈硬心或小溏心	蛋体完整，有光泽，有弹性，一般有松花，溏心稍大或硬心	部分蛋体不够完整，有粘壳、干缩现象，蛋黄呈大溏心或死心
	颜色	蛋白呈半透明的青褐色或棕色，蛋黄呈墨绿色并有明显的多种色层	蛋白呈半透明的棕色，蛋黄呈墨绿色，色层不够明显	蛋白呈不透明的深褐色或透明的黄色，蛋黄呈绿色，色层不明显
	气味与滋味	具有皮蛋应有的气味与滋味，无异味，不苦，不涩、不辣，回味绵长，硬心蛋略带轻辣味	具有皮蛋应有的气味与滋味，无异味，可略带辣味	具有皮蛋的气味与滋味，无异味，可略带辣味

实验六　咸蛋的制作

一、实验目的

掌握咸蛋的制作原理及方法，了解咸蛋的鉴定方法。

二、材料与用具

鲜鸭蛋、食盐、稻草灰、黄泥、净水、水缸、水桶、秤、灰盘、木棒、筛子、竹箅、竹片等。

三、实验步骤

（一）原料鸭蛋的选择

用于制作咸蛋的原料蛋必须新鲜，用照蛋灯透视时，气室高度不得高于9mm，整个蛋内容物呈均匀一致的微红色，蛋黄不见或略见暗影，胚珠无发育现象，如将蛋迅速转动可以略见蛋黄也随之缓缓转动。次蛋，如破损蛋、热伤蛋、胚胎发育蛋、贴皮蛋、散黄蛋、腐败蛋、霉蛋、绿色蛋白蛋、异物蛋、水泡蛋、钢壳蛋、沙壳蛋等均不宜制作咸蛋。此外，还要根据蛋的大小进行制作。

（二）不同腌制工艺的技术要点

1. 草灰腌制咸蛋

（1）用料配方　鸭蛋1 000枚，稻草灰20kg，黄泥1.5kg，水18kg，食盐6kg。

（2）制作方法　先将食盐和水放入拌料缸内，经搅拌使食盐溶化后，再分批加入筛过的稻草灰和黄泥，边加边搅拌，直至全部搅拌均匀，灰浆有点发黏为止。将检验合格的蛋放在灰浆内翻滚一下，使蛋壳表面均匀粘上灰浆后，再取出放入灰盘内滚上一层干灰，然后用手将灰料捏紧后点数入缸或塑料袋内，封好缸口或袋口，置阴凉通风室内，40～45d即为成品。

2. 黄泥腌制咸蛋

（1）用料配方　鸭蛋1 000枚，食盐7.5kg，黄泥8.5kg，水4kg。

（2）制作方法　将黄泥捣碎过筛后，再与食盐、水一块放在缸内，用木棒充分搅拌，使泥浆呈稀薄的糊状，其标准是一个鸭蛋放进泥浆，一半浮在泥浆上面，一半浸在泥浆内。将合格的鲜蛋逐个放入泥浆中，使蛋壳全部粘满泥浆后，取出放入缸或塑料袋中，最后将剩余的泥浆倒在蛋上，盖好盖子或封口，存放30～40d就可腌成。

3. 浸泡腌制咸蛋

（1）用料配方 鸭蛋1 000枚，食盐12.5kg，水50kg。

（2）制作方法 称取50kg冷开水和12.5kg食盐放入缸内，搅拌至盐粒全部溶化为止。将挑选合格的鲜蛋整齐地摆放在缸内，在蛋摆放至离缸口5～6cm处，盖上一个竹箅，在竹箅上用几根竹片卡住。再将冷却到室温后的盐水缓慢地倒入缸内，使蛋全部淹没在盐水中。经20～30d腌制，即可食用。

（三）咸蛋质量鉴定

1. 咸蛋质量标准 咸蛋质量主要是感官指标，包括蛋壳状况、气室大小、蛋白状态、蛋黄状态、滋味等。

①蛋壳状况：咸蛋壳应完整，无裂纹，无破损，表面清洁。

②气室应该小。

③蛋白状态：蛋白应纯白，无斑点，细嫩，变稀。

④蛋黄状态：色泽红黄，蛋黄圆球，黏度增大，煮熟后蛋黄中起油。

⑤滋味：咸味适中，无异味。

2. 质量鉴定方法

（1）透视检验 抽取腌制到期的咸蛋，洗净后放到照蛋器上，用灯光透视检查。腌制好的咸蛋透视时，蛋内澄清透光，蛋白清澈如水，蛋黄鲜红，靠近蛋壳，将蛋转动时，蛋黄随之转动。

（2）摇震检验 将咸蛋握在手中，放在耳边轻轻摇晃，感到蛋白流动，并有拍水的声响是成熟的咸蛋。

（3）除壳检验 取咸蛋样品，洗净后打开蛋壳，倒入盘内，观察其组织状态。成熟良好的咸蛋，蛋白与蛋黄分明，蛋白全是水样，无色透明，蛋黄坚实，呈橘红色。

（4）煮熟剖视 取咸蛋样品，洗净后加热煮熟。品质良好的咸蛋，煮熟后蛋壳完整，煮蛋的水洁净透明。煮熟的咸蛋，用刀沿纵面切开观察，蛋白鲜嫩洁白，蛋黄坚实，呈橘红色，周围有露水状的油珠。品尝其味，咸淡适中，鲜美可口，蛋黄发沙。

实验七 熟制蛋的制作

一、实验目的

了解一些熟制蛋的特点，掌握其不同的加热烹制方法。

二、材料与用具

鲜蛋、食盐、白糖、红糖、白酒、黄酒、味精、植物油、香油、酱油、葱、生姜、红茶、茴香、八角、丁香、山柰、桂皮、甘草、锅、电炉、纱布、滤蛋器、搅拌机、烘箱、蒸煮锅、真空包装机、漏勺、筛板、玻璃瓶、封罐机、高压消毒锅、盛蛋容器等。

三、实验步骤

(一) 蛋松

1. 用料配方 鲜蛋液 100kg，植物油 15kg，精盐 2.75kg，黄酒 5kg，味精 0.1kg，白糖 7.5kg。

2. 制作方法 选用合格的鲜蛋，将蛋液打在容器内，搅拌均匀后用纱布过滤蛋液。在过滤后的蛋液中加入精盐和黄酒，并搅拌均匀。把油倒入锅内烧开，然后将调匀的蛋液倒入滤蛋器中，使蛋液通过小孔呈滤丝状流入沸油锅内而炸成细丝，待细丝浮出油面后，再用漏勺捞出，沥尽余油，然后用手搓拉成细丝状。将蛋丝倒入炒锅内，加白糖和味精，调拌均匀后，用文火炒 3～5min，就成为干而蓬松的蛋松。

(二) 五香茶蛋

1. 用料配方 鲜蛋 100 枚，食盐 150g，茶叶 100g，酱油 400g，茴香 25g，桂皮 25g，八角 25g，丁香 10g，水 5kg。

2. 制作方法 将鲜蛋洗净，放入锅内，加清水、茶叶、食盐、酱油和香料，加热煮 5min，用漏勺将蛋逐个捞出放在盆内，冷却后轻轻敲击，使蛋壳微裂，并不使蛋壳脱落。将裂壳的蛋放锅中，用小火煮沸后，再继续煮 1h 左右，使调料的香味慢慢渗透进蛋白中，并到达蛋黄的外围，即为五香茶蛋成品。做成的五香茶蛋，一般不从锅里取出，仍浸泡在锅内的卤汁中存放，在夏天可保存 3d，秋天可保存 7d，冬天可存放 15d，但每天都要煮沸一次，以杀死细菌，防止腐败。

（三）卤蛋

1. 用料配方　鲜蛋 100 枚，水 5kg，酱油 1.25kg，白酒 100g，白糖、八角和桂皮各 400g，丁香 100g，葱 500g，生姜 200g，甘草 200g，味精适量，食盐 250g。

2. 制作方法　将各种香辛料用纱布包好，放入水中煮沸，再加酒、糖、盐、味精、酱油等调料，继续加热至沸即调成卤汁。将鲜蛋洗净，放在水中煮沸 6～8min，待蛋白全部凝固后，取出浸在冷水中冷却数分钟，剥去蛋壳，用小刀将蛋白表面轻划几条裂纹。然后将蛋浸入调好的卤汁中，用小火卤制 30min 左右，使卤汁香味渗入蛋白，蛋白呈酱色即为成品。

（四）熏蛋

1. 用料配方　鲜蛋 100 枚，红糖 200g，湿红茶 200g，葱 800g，香油少许。

2. 制作方法　将鲜蛋洗净，放入锅中加水淹没，用小火煮开，经 5～6min，待蛋白全部凝固后捞出，浸在冷水中数分钟后，逐个剥去蛋壳。

在锅底铺一层红糖和湿红茶，上面放一块带孔眼的筛板，筛板上放一层葱。将已剥壳的蛋排放在葱上，盖好锅盖，然后用小火将锅烧热，使茶叶和红糖发生浓烟，经 3～5min 即可开盖，再逐个涂上一层香油即成。

为了使熏蛋具有浓郁的香味，可将卤蛋和茶叶蛋剥壳后进行烟熏。亦可将鲜蛋放在 15%～20%的食盐水中，再加 1%的香料进行煮制，剥壳后再进行烟熏。

（五）醉蛋

1. 用料配方　鲜蛋 100 枚，酱油 2.5kg，黄酒或白酒 2.5kg。

2. 制作方法　将鲜蛋洗净，放入锅中加水煮熟，然后捞出浸入冷水中冷却一下，再轻轻敲破蛋壳，浸入酱油与酒的混合液中，浸泡 72h 以上便成醉蛋。

（六）虎皮蛋

1. 用料配方　鲜蛋 100 枚，植物油 1kg，麻油 500g，酱油 100g，鲜汤 2 000g，味精 40g，白糖 50g。

2. 制作方法　鲜蛋洗净后放入锅中煮熟，捞出放在冷水中冷却，剥去蛋壳，再放入酱油中腌制片刻。植物油倒入锅内烧至八成熟，放入腌好的蛋炸至金黄色，蛋白起皱，然后捞出冷却，再装入马口铁罐或玻璃瓶内，浇上用鲜汤、味精、酱油、麻油、白糖调成的味汁，封罐机加盖密封，放入高压消毒锅内，进行高温杀菌后即成为虎皮蛋罐头。

（七）鸡蛋干

1. 用料配方 卤制液：酱油3.4%，食盐1.1%，食用油0.57%，白糖2.3%，八角0.23%，桂皮0.11%，茴香0.11%，山柰0.11%，花椒0.11%，姜粉0.46%，胡椒粉0.06%，鸡精0.34%，补水至100%。

2. 制作方法

（1）原料蛋清洗 原料蛋可以是大多数禽蛋产品，如鸡蛋、鸭蛋、鹅蛋、鹌鹑蛋等，也可以是禽蛋产品的冷藏蛋液。原料蛋要求新鲜，干净，无裂痕，变质蛋剔除。

（2）打蛋 将清洗后的蛋去壳，放入打蛋机内搅拌5min。搅拌时可加入0.5%～0.05%的复合磷酸盐（焦磷酸钠、六偏磷酸钠或其混合物）以保持蛋干持水性。

（3）蒸煮 将打好的蛋液倒入不粘模具中定量灌装，厚度为0.5～1cm，送入蒸煮锅内蒸煮40～60min，温度控制在90～100℃。冷藏蛋液蒸煮前可加入蛋液重量10%～20%的胶原蛋白以保持蛋干稳定性，防止蛋黄渗出。为了保持蛋干的凝胶性，可在蛋液中加入2.17%琼脂粉，0.1%魔芋胶溶于少量水中，再加入蛋液中搅拌均匀。

（4）卤制 将蒸好的鸡蛋干半成品放在卤煮锅内加卤水继续蒸煮30min到1.5h，温度90～100℃。卤制过程赋予鸡蛋干一定的颜色和风味，卤制液可配制不同风味。

（5）烘干 将卤制好的蛋干半成品放入60℃烘箱中烘干40～60min，待产品表面稍干即可。

（6）包装、杀菌 将烘干后的鸡蛋干送入真空包装机进行包装，真空度为－0.1MPa。将包装产品置于110℃、30min高温反压杀菌釜中进行杀菌处理。

实验八 蛋黄酱的制作

一、实验目的

了解蛋黄酱的制作方法和蛋黄酱产品的质构特点。

二、材料与用具

蛋黄液、精炼植物油、醋、白糖、食盐、其他调味料、打蛋机、混合机、电热培养箱、高压蒸汽灭菌锅、胶体磨。

三、实验步骤

1. 选蛋　鲜蛋洗净后，用1% $KMnO_4$溶液消毒。打破蛋壳，取出蛋液，将蛋白与蛋黄分开。

2. 蛋液消毒　取100g蛋黄用容器装好，放入60℃的热水中水浴3～5min进行巴氏杀菌，以杀灭沙门氏菌。

3. 调料混合　将蛋黄放入搅拌器中，加入8.5g食盐，搅拌1min后再加入白糖8.5g，直到食盐和白糖溶解。一次性加入味精、花椒油、八角油等调味料共计8g，并搅拌1min。缓慢交替滴入500g植物油和50g醋，边加边搅拌，应避免产生气泡。搅拌均匀后，用胶体磨或均质机处理，直到形成均匀细腻而稳定的蛋黄酱，分装于一定体积的洁净容器中，封罐。

注意：控制加入植物油的量，当油量超过75%时，会破坏体系中水-卵磷脂-油脂的平衡，在高速均质处理条件下得到的蛋黄酱颗粒直径超过0.5～5μm。粒子大小不均匀，容易造成上浮、下沉使乳液分层。

4. 杀菌　将罐装蛋黄酱置于立式高压蒸汽灭菌锅中120℃、15～30min灭菌，反压冷却（0.118～0.147MPa）。

主 要 参 考 文 献

蒋爱民．1996．乳制品工艺及进展［M］．西安：陕西科学技术出版社．

马美湖．2003．禽蛋制品生产技术［M］．北京：中国轻工业出版社．

张和平，张列兵．2005．现代乳品工业手册［M］．北京：中国轻工业出版社．

张兰威．2005．乳与乳制品工艺学［M］．北京：中国农业出版社．

周光宏．2010．畜产品加工学［M］．2 版．北京：中国农业出版社．

朱云芬，陈宽维，葛庆联，等．2010．分光光度法测定鸡蛋黄卵磷脂含量［J］．江苏农业学报，26（4）：853－856．